NF文庫
ノンフィクション

ミッドウェー暗号戦「AF」を解読せよ

日米大海戦に勝利をもたらした情報機関の舞台裏

谷光太郎

本書は、日米両海軍が激突したミッドウェー海戦において、アメリカ海軍の勝利に貢献した二人の軍人を軸に暗号戦の全貌をとらえています。真珠湾奇襲攻撃では日本空母機動部隊の動向を把握できず甚大な損害を被りましたが、その後日本留学の経験を持つ士官が暗号戦の現場に身を置き、日本軍の動向を正しくつかんで南雲艦隊の空母を壊滅させました。暗号がどのように組まれ、解読された後に活用されたのかも詳細に解説しています。

序——国際的情報活動の重要性

書店には、日本側から見た太平洋戦争関連本が山積みされている。ところが、戦った相手の米国側からの視点からのものは、ほとんど見当たらない。悲惨な敗戦を経験した我々は、痛切な反省のために、敵だった米国側の視点による太平洋戦史の考察・分析も不可欠である。

米国の工業力・技術力に敗れた、と指摘される。その通りであろうが、情報戦で敗れた要素も多い。日本の暗号が米国側に解読されていた表面的事実は、日本人にも知られているのだが、現実にどのようにして米国側に解読されたのか、そもそも暗号はどのように組まれるのか、暗号への解読・推理過程、また、その解読が米側に活用された経緯——情報は用兵家に理解され、活用されねば価値はなくなる——について論じられたものは、一部の翻訳本を除いて日本ではない、と言って過言であるまい。

太平洋戦争の潮目は、ミッドウェー海戦で変わり、以降、日本軍はじりじりと敗戦の道を下っていった。ミッドウェー海戦で日本海軍敗戦の端緒を作ったハワイの無線暗号解読機関長ロシュフォート中佐、情報に関してニミッツ太平洋艦隊司令長官を支えたレイトン参謀の二人を軸として、米側の日本軍無線通信の解読・解析作業の実態と、抽出された情報がどのように活用されたかを論じたのが本書であり、従来にはなかったものと筆者は自負している。

暗号解読や、得られた情報からの推測は、極めて論理的に行なわれるのだが、これをやるのは生身の人間である。個性や経験から同じデータから異なる推理が出るのは已むを得ない。米海軍内のライバル情報機関間で、嫉視や反目が生じるのは人間社会で避けられないことだ。あまりの頭脳の切れ味に、ワシントンの無線暗号解読機関から嫉妬され、ミッドウェー海戦の大きな功績にも拘《かか》わらず、地方の小造船所所長に左遷されたロシュフォートは、その後、有り余る能力を発揮することなく終戦を迎え、戦後も活躍することはなく死んだ。

しかし、やがて彼の功績がいかに大きかったが関係者間で話題となり、顕著な軍功のあった者に与えられる勲章が死後、授けられた。

レイトン参謀も、ロシュフォート同様にワシントンから反発を受け、更迭圧力があったものの、厚く信頼されていたニミッツから守られ、戦時中一貫して情報参謀としてニミッツを支えた。戦後、駆逐艦艦長の経歴すらないレイトンが少将まで昇進するのは、その情報能力の高さが評価されたからであった。

ロシュフォートもレイトンも、日本語修得留学生として日本に滞在し、日本語に堪能であったことも付け加えておく。

ビジネスのグローバル化が著しい今日、ビジネス界の人々にも、国際的情報活動の一端とその重要性を本書で知って戴ければ、筆者の大きな喜びである。

ミッドウェー暗号戦「ＡＦ」を解読せよ——目次

序——国際的情報活動の重要性 …… 3

1 「情報」の視点から見た戦争 …… 15
（1）孫子と情報戦 15
（2）「情報」の感度は国民性によって異なる 18
コラム① 小沢治三郎の慨嘆と福留繁、中沢佑の述懐 24
❖参考① 日本海軍の暗号 28
（3）情報関連の語彙に乏しい日本語 30
（4）日米海軍の「情報戦」への認識の違い 32

2 米海軍の情報戦のキーマン、ロシュフォートとレイトン …… 37
（1）暗号情報解読のエキスパート、ロシュフォート 37
（2）ニミッツ長官の情報参謀、レイトン 50

3 三年間の日本留学で日本語をマスター …… 55
教材は小学生の教科書から無声映画弁士の声まで 55

4 帰国後は情報参謀 …… 59
（1）ロシュフォート、太平洋艦隊作戦参謀補佐兼情報参謀となる 59
コラム② 学歴による士官登用 65
（2）無線諜報機関ハワイ支所の充実 68

（3）レイトン、太平洋艦隊情報参謀となる 72
日本海軍の無線傍受と解析 75
5 ロシュフォート、ハワイの暗号解読機関の長に……75
6 真珠湾奇襲前後の無線傍受・解読態勢……83
（1）日本海軍艦隊の所在を探査 83
（2）傍受電解析により日本海軍の戦時体制準備を推測 88
（3）ハワイが攻撃されるとは誰も思っていなかった 97
コラム③ 単冠湾での出来事 103
❖参考② 大和田通信所 104
（4）日本の外交暗号は解読されていた 106
（5）陸海軍の情報共有は不十分だった 113
（6）真珠湾奇襲後の暗号解読、無電傍受体制 125
（7）海軍首脳の新布陣、キング、ニミッツがトップに 130
（8）通信情報部門の陣容が変わる 136
（9）無線傍受部門の人材増強 144
7 サンゴ海海戦までの情報戦……151
（1）真珠湾の再奇襲をハイポが予測 151
（2）傍受無電解析からサンゴ海海戦を予測 155

（3）コラム④　煙草とコーヒー、映画「地上より永遠に」　160
ハイポ・ベルコンネン・ネガト　162

8　サンゴ海海戦と情報戦……167
（1）レイトン参謀とそのグループ　167
コラム⑤　吉村昭とドーリットル　172
（2）サンゴ海海戦始まる　173
（3）サンゴ海海戦の結果　182

9　ミッドウェー海戦とロシュフォート……185
❖参考③　キング戦略と日本海軍戦略　185
（1）日本軍の次の攻撃目標はどこか　188
（2）暗号名「AF」をミッドウェーと推測　198
（3）ハイポとネガトの対立　207
コラム⑥　作戦参謀の情報無視の一例　220
（4）偽情報を使ってAF＝ミッドウェーを確認　222
（5）ミッドウェー海戦前夜の情報戦　231
❖参考④　米軍による日本海軍暗号書の強奪　236
（6）日本艦隊の動きを予測　242
（7）ミッドウェー海戦はじまる　260

◆参考⑤　南雲艦隊草鹿参謀長の悔恨　269

10　ロシュフォートの更迭……271
（1）情報センターの設立問題　271
（2）レッドマン兄弟の陰謀　275
◆参考⑥　シカゴ・トリビューン紙事件　281
（3）ロシュフォート更迭の動きが加速　285
（4）小さな造船所所長として新型浮ドックを建造　298
（5）再び通信部勤務へ　300

11　太平洋戦争終了後のロシュフォートとレイトン……305
（1）現役復帰し、日本語文献の翻訳担当に　305
（2）ロシュフォートの死　307
（3）戦後のレイトン　313

参考文献　315
文庫版のあとがき　319

写真／アメリカ国立公文書館
雑誌「丸」編集部

ミッドウェー暗号戦「AF」を解読せよ

日米大海戦に勝利をもたらした情報機関の舞台裏

1　「情報」の視点から見た戦争

(1) 孫子と情報戦

孫子は情報戦をどう考えているのか。まず、よく知られているものから始める。

「彼を知り、己を知れば百戦殆《あや》うからず。彼を知らず己を知れば一勝一負す。彼を知らず己を知らざれば、戦う毎に必ず殆うし」

太平洋戦争中、参謀本部の枢要部門や、陸軍大臣秘書官を務めた井本熊男大佐は、戦後反省した。「恐らく、このくらい相手国の実情を知らず、戦争に突入した例は戦争戦史上、稀ではないかと思う。海軍は陸軍よりもはるかによく米英のことを知っていた。しかし、戦争という見地からの知り方は不十分であった」（井本熊男『大東亜戦争作戦日誌』芙蓉書房出版、一九九八年）。

「上兵は謀を伐つ、其の次は交を伐つ、其の次は兵を伐つ、其の下は城を伐つ」

戦《いくさ》上手は相手の陰謀を事前に見つけてこれを潰す。次に相手国の同盟関係を切断する。戦下手は武力戦に出て、更に戦が下手な者は城を攻める。武力戦や城攻めは兵力の損耗や軍資金を食いつぶすことを知らねばならぬ。例えば、米国側から見れば、ミッドウェー攻略という日本の陰謀を見抜いて、この陰謀を潰すことに専念した事例が「上兵は謀を伐つ」の一例であろう。相手国の陰謀を察知し見抜くことは情報戦のイロハである。ただ、これは軍の上層部に情報重視の思想がなければ「絵に描いた餅」だ。戦時中、軍令部で対米情報を担当した実松譲大佐は戦後、悲痛な言葉を残している。「戦争中の日本海軍くらい情報を軽視したところは、あまり類例がないだろう。情報部は有っても無くてもいい存在だったと言っても過言ではない。極言すれば日本海軍は情報なしの腰だめで（思いつきの判断で）戦争をしたとさえ言えるのではないか。情報の重要性について、ハラの底から充分認識していた人は極めて稀だった」（実松譲『情報戦争』図書出版社、一九七二年）。太平洋艦隊のニミッツは毎朝八時三〇分、レイトン情報参謀より情報のブリーフィングを受けてから仕事に取りかかった。合衆国艦隊のキングも同様であった。

ワシントン海軍軍縮条約締結時（一九二一年）、日英同盟を破棄させた米国の目論見は「交を伐つ」だった。日英同盟は米国にとって目の上のタンコブのようなもの。日米開戦となれば、日英同盟により米英間が険悪化する。米国としてはこれを何とかして防ぎたかった。

「成功の先に出ずる所以のものは先知なり。先知なるものは鬼神に取るべからず、事に象《かたど》るべからず、度に験すべからず、必ず人に取りて敵の情を知るなり」

金谷治東北大教授の注釈によれば、その意味は次の通り。人並みはずれた成功を収める理由は予め敵情を知ることである。鬼神（祈ったり、占ったり、といった神秘的方法）のおかげで出来るものではなく、過去の出来事によって類推出来るものでもなく、自然界の規則によって、験《ため》し、計れるものでもない。必ず、特別な情報員に頼ってこそ敵の情況が知れるのである。

敵の情報を取るには、特別に訓練された情報員が不可欠である。太平洋戦争では、それが、無線暗号の解読や傍受無線解析の専門家（例えば、本論の主人公の一人であるロシュフォート中佐）であった。

「この故に、勝兵は先ず勝ちて、しかる後に戦いを求め、敗兵は先ず戦いて、しかる後に勝を求む」

戦上手は情報戦に先ず勝ってから戦争を始め、戦下手は先ず戦ってから勝利を求める。

（2）「情報」の感度は国民性によって異なる

情報を価値あるものと考えるか、情報への執念を持つかどうか、は国民性により大きく異なる。二千年来、大洋の孤島に住み、稲作で生計を立てて来た、同一民族、同一言語、同一元首（万世一系の天皇）、同一固有文化の国、さらに気候が多雨温暖で猛獣毒蛇がいないという、世界に類を見ない平穏な国日本では、古来より、情報は必要でなかった。

稲作を主産業として、同じ地域に父祖の時代から代々永年住んでいる人々にとって、日々小さな努力を続けることが重要であって、情報一つで村落の生存が決まるようなことはなかった。風水害や大津波はあったが、予知出来ぬ神の怒りと考えて諦観して来た。これに比し、欧州大陸や中国大陸ではその陸続きの故もあって、歴史始まって以来、異民族間の血で血を洗う凄惨な戦争史の連続であった。土地はもちろん、財産、食料、女が奪い去られるのは日常のことであった。言葉や文字、歴史・宗教の異なる異人種・異民族は残虐この上ない統治をする。中国大陸ではこれに加え、易姓革命が頻発し、大飢謹や流行病が大蔓延する悲惨この上ない歴史の連続であった。情報一つで部族の生存が危うくなる。

秦、随、唐、北宋、元、清といった王朝はいずれも異民族支配王朝であった。秦、随、唐、北宋、は西方の異民族による王朝である。ちなみに唐時代の軍人アレクサンドルは中国風に安禄山と書かれるが西方の異民族。元はモンゴル、日本の明治時代まで続いた清は、女真族満州人の王朝で皇帝は愛新覚羅氏である。中国人が権謀術数を好み、謀略の才に長けているのには歴史的背景がある。日本人が生一本でお人好しなのも歴史的、地理的な特色による、と断言してよい。

ただ、日本でも戦国時代や幕末維新時は例外であった。戦国武将は己の生存のため情報を重視した。毛利元就は陰謀、謀略を駆使して芸州の小土豪から周防、長門の大大名になった。情報を重視した織田信長の例をあげよう。

永禄三年（一五六〇年）、今川義元は上洛して天下に号令せんとし、二万人の兵力を動員して尾張に侵攻した。迎え撃つ織田軍は二千人。有名な桶狭間の戦いが起こった。信長は幸若舞「敦盛」を舞い、「人間五十年、下天のうちを比べれば夢幻の如くなり。一度生を享け、滅せぬもののあるべきか」と謡い終わるや、わずか旗本五騎を率いて城外へ出た。雷雨強風の中、縦陣形の今川義元が五百騎に守られている本陣に織田軍二千が突っ込んだ。服部小平太が敵大将義元を槍で突き刺し、ひるむ義元の首を毛利新助がとった。当時の考え方でいえば、二人は最高の手柄をたてた。しかし、信長の恩賞第一等は、野武士あがりの家来梁田政綱に与えられた。梁田は敵が①いつ、②何処にいるか、その情報を的確に信長に知らせたのである。織田信長はこの戦いの勝利で天下人への道を歩み始める。

桶狭間の戦いはミッドウェー海戦と似ていた。兵力弱小の米海軍が日本海軍虎の子の空母四隻を沈め、歴戦のパイロットを失わせた。この戦いで日米戦争の潮目が変わった。服部小平太や毛利新助の働きをしたのは空母を中核とする任務部隊を率いたフレッチャーやスプルーアンスであり、野武士あがりの梁田政綱の働きをしたのは、筋目正しい海軍兵学校出ではない、ムスタング（野生馬）と蔑まれた士官に属するロシュフォートであった。ロシュフォートは傍受暗号無線の解読と解析により、日本軍がどのくらいの兵力で、何日の何時、どの地点からミッドウェーを攻撃すると推測し、ニミッツに伝えた。米海軍は使用出来る虎の子の空母全部をかき集めて、ここに待ち構え、奇襲を敢行した。

織田信長と異なり、米海軍の大将キングはロシュフォートに勲章を与えなかった。ニューヨークタイムズ紙は一九八五年二月一七日付紙面で、ミッドウェー海戦から四四年後にロシュフォートの顕著軍功勲章（DSM）の計画が進んでいると報じた。レイトンらによる著作 *And, I Was There*（日本語訳『太平洋戦争暗号作戦』）や、かつてロシュフォートの部下だったシャワーズ少将らによる申請が与えた影響であった。時の副大統領ブッシュ（大統領はレーガン）によって、カリフォルニアに住むロシュフォートの息子ジョセフ二世、娘ジャネットに顕著軍功勲章が手渡された。

勲章を授与されたのは、ロシュフォートの死後、レーガン大統領の時代になってからであった。一九八六年にはミッドウェー海戦の功労により大統領自由勲章(Presidential Medal of Freedom）が授与され、一九九九年に創設された国家安全機関の廊下にその名が飾られる栄誉を得たのがロシュフォートだ。ロシュフォートは、ミッドウェー海戦時には輝く仕事を残したが、その後は逸話以外に何も残さなかった、と言う人もいる。

情報は活用されなければ意味がない。ロシュフォートは真珠湾の地下暗号解読室で傍受無電の解読や分析に没頭している。巻煙草やパイプを離すことなく、海老茶色のジャンパーを着て、スリッパ姿。髪はぼさぼさ、ヒゲを剃る間もない。時間があると、地下室の簡易ベッドで寸時の睡眠を取る。ロシュフォートから毎日朝七時、情報要約を受け取るのはレイトン太平洋艦隊情報参謀。レイトンは防諜装置のついた直通電話でロシュフォートと意見交換する。そうして八時三〇分、ニミッツの太平洋艦隊司令長官室に入り、関連情報のブリーフィングを行ない、ニミッツの関心がどの方面にあるか知らされる。ニミッツの部屋に何時でも入れるのは参謀の中でもレイトン情報参謀だけだ。ロシュフォートは、その余りにも切れる鋭利な頭脳と直言でミッドウェー海戦の勝利後、ワシントンの通信部や無電暗号解読班から嫉妬と中傷を受け、彼等の陰謀により、大きな勲功にも関わらず、勲章を受けることもなく、地方の小造船所へ左遷される。自分の管理外である通信部所属のロシュフォートをニミッツは守り切れなかった。レイトンは太平洋戦争中一貫してニミッツの情報参謀だった。ロシュフォートと同様に嫉妬と敵意を受け、ワシントンとの協調を阻害するとして更迭を要求されたが、ニミッツはレイトンを手放さなかった。ロシュフォートとレイトンは日本語研修生として、同じ船で日本に渡った親友であり、日本語に巧みなのが共通していた。

戦国時代と幕末明治初期は、情報が重視された日本史の中でも例外的時代だった。

明治の半ばまで、日本でも情報重視の風潮はあった。明石元二郎は欧州でロシア軍の動きを逐一つかむとともに、大謀略活動を起こしロシア革命の火種を各地に植え付けた。革命の首領レーニンは明石の軍資金に頼った。後に満州軍総参謀部情報部長になる福島安正は、モスクワから単騎ユーラシア大陸を縦断し、ロシア帝国の現状やシベリア鉄道の進捗状況を調査した。蒙古や満州も通過して、この地のロシア軍の勢力南下状況も正確につかんだ。

しかし、国家存亡の危機から遠のくと、日本人の先祖返りが始まる。軍内部でも、学歴やペーパーテスト結果を重視する傾向が強くなる。抜擢や競争をなくし、和気あいあいの組織風土醸成の風潮がはびこり、温厚篤実の大勢順応型を重要なポストに付けるようになった。これは、能力の峻別を嫌う農耕社会の特色である。織田信長や高杉晋作、明石元二郎のような人は「変わりもの」として、決して枢要な地位には就けなくなった。情報部門が軽視されるようになったのも自然であった。

太平洋戦争中、一貫して、連合艦隊も含め、海上部隊の指揮を執った小沢治三郎提督の次のような嘆きと軍令部作戦部長だった福留繁、中沢佑の述懐は、昭和海軍の情報に関する実態を余すところなく示している。

コラム① 小沢治三郎の慨嘆と福留繁、中沢佑の述懐

開戦直後、小沢治三郎中将は、東南アジア方面に向かう輸送船団の護衛に当たった。昭和一七年四月中旬にはシンガポールにいた。六月四日ミッドウェー海戦が始まり、日本軍電報の傍受が続々入ってきた。戦闘の推移を見ていると、「これはおかしい。作戦の全容が事前に敵側に漏れているぞ」とピンと来た。

それから間もなく、軍令部から山本祐二中佐部員が連絡に来たから、「ミッドウェー作戦は事前に漏れていたと思うが、東京に帰ったら調べて見てくれ。まさか、暗号が取られている事はあるまいが」と注意を促した。翌七月一四日、軍令部出仕（取敢えず軍令部に籍を置くこと）となり、東京に帰り、山本中佐に尋ねると、「暗号は取られていない。作戦開始直前に機動部隊が電波を出しているので、あるいはと思うが的確には解らない」との答えであった。米海軍トップのキング

や二ミッツが暗号に細心の注意を払っているのに、日本海軍は軍令部総長も、次長も、各部長も甚だ能天気であった。ミッドウェー敗戦の原因の深刻な反省はなく、敗戦最大の責任者南雲以下、その幕僚も更迭、左遷はなく、引き続き虎の子航空艦隊の指揮を執った。まことに、農耕社会らしい、責任を深く追及するのを嫌い、何事も穏便に処理しようとする昭和海軍風土の賜物としか言いようがないものだった。戦さに勝つことよりも、海兵出身者集団の序列と調和を保持することの方が大事だったのだろう。昭和一七年一二月、小沢は第三艦隊司令長官となり、翌一八年一月、母艦の一部を率いてカロリン諸島のトラック基地に進出し、四月にはラバウル救援に赴いた。南東方面艦隊司令長官草鹿任一指揮のガダルカナル方面の水上作戦を見学した。三回作戦をやって、順調に行ったのは一回だけ、他の二回は途中、待ち伏せを食って失敗に終わった。成功した一回は事前作戦準備に無線は一切使用せず、他の二回は事前に相当、無線を使用していた。再び、暗号の疑問が生じ、草鹿長官に注意を促した。それから、数日後、山本長官機が敵機に襲われる事件が起きた。暗号無線連絡が解読された上での待ち伏せであったが、軍令部は暗号が解読されている兆候はない、と断言した。

昭和一九年一〇月末、軍令部に帰り一一月に軍令部次長に補された。作戦の推移を研究している間に又々暗号に関する不安を感じ、作戦会議の席上、軍令部通信課長に自分の不安を述べ、厳に調査すべきを命じた。数日を経て、同課長は「詳細に研究調査したが、暗号漏洩のおそれはなし」との報告であった。小沢は言う。終戦後、蓋を開けて見たら周知の通りであった。日本海軍は太平洋戦争中、一度も暗号が解読されているのに気付かなかった。まことに、お人好しで能天気の海軍であった。

（提督小沢治三郎伝刊行会編『提督小沢治三郎伝』原書房、一九九四年）

山本長官機が米戦闘機に撃墜された時、軍令部作戦部長だった福留は、戦後次のように述懐した。

「敵戦闘機の出現が決して偶然のものではなく、長官の行動を予知した計画的のものであると直感した。これは、長官の行動に関する暗号電報が米軍によって解読されたか、あるいはスパイ活動によって機密が漏洩したか、何れかであると判断し、関係各部に調査を命じた。その結果は、暗号によって機密漏洩の何等の兆候も認めない、と言う報告であり、通信部長からは、日本海軍の暗号は技術上解読の恐れ絶無なり、との折り紙が付いていた。（略）暗号解読は敵情を知る最も確実な方法であるから、日本海軍においても米海軍の暗号解読には躍起になって努力した。しかし、その片鱗すら解読することは出来なかった」。

また、福留の後任作戦部長だった中沢佑も次のように証言している。

「戦勢が我に不利になってからは（昭和一八年中期以降）、敵の出現が余りに巧妙なので、作戦部から通信部に対し、暗号が敵に解読されている虞《おそれ》はないか、速やかに対策をとって貰いたいと申し入れたことが再三あった。しかし、その都度通信部はそんな筈はないとして、適当な処置をとってくれなかった」。

福留と中沢に答えた通信部長には、敵の巧妙な手段によって（孤島の日本軍少数守備隊への奇襲、あるいは沈んだ日本潜水艦にサルベージを入れる等。これは後述する）日本軍の暗号書が敵に入手されているという万一の事態を想像して、対策をとっていなかったことが窺われる。日本人の昔から現在に至るまでの、変わらぬ能天気と言うか、お人好しさであろう。確かに、理論的推理だけでは解読は甚だ困難だが、その理論的推理の集積の下に暗号書（コードブック）が入手出来れば解読は比較的容易になる。敵主将たるキングやニミッツの機密情報保護への執念と較べると、軍令部総長や次長はどのように考えていたのだろうか。機密情報保持に関して、部下の部課長級に丸投げしていたとしか考えられない。

（両作戦部長の証言は「帝国海軍提督達の遺稿―小柳資料〈下〉」〈財〉水交会、二〇一〇年）

❖参考①　日本海軍の暗号

ロシュフォートの日本海軍暗号解読プロセスが本書の主テーマの一つである。その理解に供するために、日本海軍の暗号についての基礎知識となる事項を下述する。

（1）軍用通信体系

①視聴覚通信、②電話、③電報、の三形態がある。①は手旗通信、旗通信、発光通信、音響通信（霧中または緊急用の汽笛）。②は防諜装置のついた回線利用、隠語化での会話、平文。③は有線、無線があり、暗号化されたもの、隠語、平文がある。暗号化されたものには、（A）暗号機使用、（B）暗号書や乱数表を利用するものの二種類がある。（A）はドイツ海軍が使用したエニグマ暗号機が代表的なもの。タイプライター式で、使用時期に応じて前面のローターを指定位置に回転させ、背後の二本のコードロープの両端を指定コード穴に繋ぐ。このタイプ

ライターで平文を打つと暗号化されて発信される。受信された暗号文は同じ機械で平文になってプリントアウトされる。（B）は日本海軍が使用していたものだ。

（2）日本海軍使用暗号

①戦略常務用、②戦術用、③情報用、④部内共用、⑤その他、があった。③は在外武官が使用し、④は商船、漁船用。②は海上部隊戦術用、局地戦用、航空通信用。米海軍通信諜報関係が全力をあげて取り組んだのは①で、海軍暗号書甲（高級司令部用で使用量が少ない。米側ではADと呼んだ）と海軍暗号書D（一般用で、使用量はきわめて多い。米側ではJN－25と呼んだ）である。

（3）日本海軍の暗号化方法

暗号電報は五ケタの数字を使用して発信された。暗号書は、00000から99999までの一〇万の五ケタ数字のうち、3で割り切れる33333の数字からなり、それぞれが一つの語句に割り振られていた。暗号書はアイウエオ順の語句に対応する五ケタ数字が書かれている。例えば、テの項を適当に拾ってみると、帝国政府（61194）、偵察（29607）、碇泊（02877）のように決められている。この数字によって一次暗号文を組み立てる。さらに五ケタの乱数五万を記載した乱数表により、暗号書の五ケタ数字と乱数表の五ケタ数字を非算術加算（繰り上げない）して暗号文とする。乱数表のどこから使用するかは、暗号冒頭部分の乱数開始符で示した。

（4）暗号化の実際

	連合艦隊（は）	左により	出撃す
暗号書	49728	37176	73551
乱数	01661	85226	71446
暗号文	40389	12392	44997

以上は秦郁彦編『検証・真珠湾の謎と真実』PHP研究所、二〇〇一年の第三章「通信情報戦から見た真珠湾攻撃」（左近允尚敏）を利用した。

(3) 情報関連の語彙に乏しい日本語

日本人が情報に無関心であった、少なくとも関心が薄かった証拠は「情報」なる言葉が一つしかないことである。だから、情報戦について書くとき困る。英語で言うインフォメーション・センターとインテリジェンス・センターは違う概念だが、日本語にすると情報センターという一つの言葉になってしまう。

日本語には、情報という一言葉しかないが、頭を整理するためには、英語の①データ＝Data、②インフォメーション＝Information、③インテリジェンス＝Intelligenceなる三つの言葉に分けて考える必要がある。
①は、蒐集した資料、②はある目的に沿って①を整理したもの、③は②に対して解釈、判断を加えたもの、である。
情報作業は、砂の中から砂金を見つけるようなものだ。川の砂をせっせと集め（データ蒐集）、濾過機を通して金らしきものを選別する（インフォメーション作業）、こうして、金らしきものが本物の金か偽金（ガセネタ）か判断する（インテリジェンス作業）。

永年の修業で金がどんなものかを知っていなければ、黄銅鉱（金色に光っている銅鉱石）の破片を金と判断してしまう。もちろん、敵は意図的に偽情報を盛んに出す。情報の蒐集と判断が、経験の必要な極めて知的推理作業と言われる所以だ。

また、インテリジェンスを、①戦略情報と、②戦術情報に分けて考えると、頭の整理になる。
①は、（ア）相手国の国策、外交を自国に有利にさせるための大謀略情報活動、（イ）相手国の潜在能力（工業力、資源力、マンパワー、国民性、地理的条件など）情報、

（ウ）現状能力（軍事力、軍事力の配置状況、指揮官の性格など）情報に分けると理解しやすい。

②は刻々変化する戦況にリアルタイムで傍受する戦術作戦に有用な情報である。太平洋戦争中はこれが無線情報であった。

①の（ア）は、コミンテルン所属のリヒアルト・ゾルゲや尾崎秀実等の大謀略情報活動、あるいは同じコミンテルン配下のハリー・D・ホワイト（いわゆるハル・ノートの作成者）、あるいはE・H・ノーマン（カナダ政府に食い込んでいた）の活動である。ホワイトもノーマンも身許が疑われて自殺。ゾルゲと尾崎は刑死した。

①の（イ）は、各国の情報機関が蒐集している情報であって、民主国家では九割が公刊資料や新聞、議会討論で分かる。

②に関しては、ワシントン軍縮会議、開戦前の日米外交交渉、あるいは太平洋戦争では暗号電信の解読によって、相手国の考え、意向を探る情報活動であった。現在では人工衛星による偵察もこれに当たる。

（4）日米海軍の「情報戦」への認識の違い

日本海軍では、兵科士官は通信情報部門に行きたがらなかった。通信部門、特に暗号を扱う部門などは「腐れ士官の捨て所」と蔑まれ、結核などで長期静養中の士官がほぼ回復し、次の任務に就くまでの間、就任させられる部門であった。日本海軍には専門の情報士官を育てる気も実績もなかった。

太平洋戦争中に情報部門に投入されたほとんどは、素人の予備士官（戦時に限り、臨時的に任官したもの。キャリア・オフィサーではない）であった。山本五十六、米内光政の伝記を書いた阿川弘之は、兵科予備士官として台湾で海軍の基礎教育を、久里浜の通信学校で極秘のインテリジェンス教育を受けたあと、一時期、軍令部特務班にいた。そこが、暗号解読、通信解析の本拠だった。東久留米近くの大和田通信隊が傍受した軍事外交電報を特務班に運んで、分析する（『言葉と礼節』阿川弘之座談集、文藝春秋、二〇〇八年）。

米海軍情報を担当したのは、軍令部米国課。スタッフは開戦時に平時定員数にも欠ける有様で、戦争末期には相当の陣容となったが、すでに遅しだ。

米海軍の無電を傍受し、これに判断を加えたのは埼玉県にあった大和田電波傍受所。スタッフは素人の予備士官が大部分で、戦争末期には相当の実力を発揮し始めたが、これも、泥棒をみて縄を編む（泥縄）といわれても仕方がないものだった。大和田が蒐集したデータは軍令部特務班に送られ、ここで最終判断が下される。大和田所長だった森川秀也大佐は言った。「通信情報部門は、自分のように、胸をやった（結核になった）士官が配置される所だった。上層部は電波で戦さなど出来るか、という態度だったが、負け戦になって、はじめて真剣に我々の言うことを聞き始めたよ」（阿川弘之『暗い波濤』〈下〉、新潮社、一九七四年）。

驚くべきことに、連合艦隊司令部に敵の動きを判断する情報参謀はいなかった。通信参謀が片手間に情報を扱っていた。戦争末期になって、連合艦隊（旗艦大淀）通信参謀中島親孝中佐は、自ら情報参謀と自称し、情報任務に当たるようになった。

米海軍でも、砲術や航海が重視され、通信課報部門は日本海軍と同様に軽く見られていたものの、長年に亘って、対日情報士官の育成に励んできた。正規士官二～三人を毎年日本に語学研修生として派遣し、修了後は対日情報部門に配置してきた。戦争中、太平洋艦隊情報参謀だったレイトン中佐（配下参謀補佐の何人かは日本語学研修生経験者）と、ハワイの電波傍受、暗号解読機関（俗称ハイポ）の責任者だったロシュフォート中佐（配下の何人かは日本語学研修生経験者）は共に、日本語研修生として日本に三年間滞在している。ワシントンの米海軍対日情報課長マカラム中佐も同様に日本語研修生であった。ワシントン駐在の日本海軍武官補佐官が「Commander McCollum in？（マカラム中佐はおいでですか）」と電話すると、「中佐は只今席をはずしています」と課員の流調な日本語の返事が返ってくる。

レイトン、ロシュフォート、マカラムの三人は仲が良かった。ニミッツは、レイトン中佐を「君は一個巡洋艦戦隊よりも重要だ」として、大戦中手放さなかった。ニミッツ司令長官室に、いつでも木戸御免で出入り出来たのはレイトン参謀だけだった。機密情報は作戦参謀、参謀長といえどもニミッツの前で、機密保持宣誓してサインさせられる。この時立合うのがレイトン参謀だ。ニミッツは毎朝レイトンから情報要約の説明を受けた。副官のラーマン大尉にニミッツは一言った。「どんな重要な客に会っている時でも、レイトンが重要情報を伝えに来た際は、客に断り、別室でレイトンから説明を聞くので、そのように心得よ」。山本長官に情報参謀がいなかったのと比べると大違いである。

ロシュフォート中佐は入口を海兵隊員に守られたハイポ（ハワイの秘密地下室が執務室）の中の簡易ベッドで眠り、風呂に何週間も入らず、ホノルルの町に出ることもない。起きている間はパイプを離さず、海老茶色の喫煙ジャケットとスリッパ姿で、傍受した日本海軍電報に目を通す、鬼気迫る情報の鬼だった。

部員は四班に分けられ、週七日、二四時間勤務、日本海軍の無電を傍受し、これを解析し判断を加える。判断したものを毎日、要約化し、機密文書なので必ず、ハイポのホームズ大尉が持参し、レイトン参謀に届ける。

レイトン参謀は必要に応じ、防諜装置付直通電話でロシュフォートに疑義を尋ね、また意見を述べ、これをニミッツの部屋に持参して説明する。ニミッツは言う。「レイトン参謀。君は日本滞在時代、山本（五十六）と何回か会っているそうだ。君は南雲になったつもりで、日本軍がどう動くかを教えて欲しい」。

2　米海軍の情報戦のキーマン、ロシュフォートとレイトン

(1) 暗号情報解読のエキスパート、ロシュフォート

ジョセフ・J・ロシュフォート (Joseph J.Rochefort) は一九〇〇年五月一二日、父アランシス・ジョン、母ヘレンの間の七人兄弟の末っ子としてオハイオ州デイトンに生まれた。

一八五二年生まれの父は、生活苦のため、二三歳の時、生まれ故郷のアイルランドを離れ、カナダに渡った。アイルランドは英国の植民地としてその収奪に苦しんでいたが、この頃、主食のジャガイモの不作で大飢饉となり、人口が激減した。激減した人口の半分が飢死にし、半分が新大陸に渡った。新大陸では既に英国系が先住者として住みつき、アイルランド人は常に蔑視、迫害の対象であったから、その多くは西の

新天地に向かって移住を繰返した。ロシュフォートの父も例外でなかった。

ちなみに、カリフォルニアで日本人移民を最も迫害したのは、常日頃アングロサクソン系（英国人）に蔑視と迫害を受け続けたアイルランド系（英国の植民地アイルランド人）だったといわれる（若槻泰雄『排日の歴史』中公新書、一九八五年）。このカリフォルニアでの日系移民排斥運動が、日本人を憤慨させ、日米戦争に繋がってゆく。

父は、カナダのハリファァックスやオンタリオを転々とし、同じアイルランド生まれで四歳年下のヘレンと結婚。アメリカに移り、オハイオ州デイトンに住んだ。ここでロシュフォートは生まれた。父は酒場で働いたり、百貨店のセールスマンになったりした。近くに、飛行機を発明したドイツ系のライト兄弟が住んでいた。この兄弟が北カロライナ州キティーホークの海岸で初飛行に成功したのは、ロシュフォート誕生の三年後である。

一九一二年、父はカリフォルニアのロサンゼルスに移り、百貨店のセールスマンとして絨毯を売った。両親は末っ子を牧師にしたかったが、本人は希望せず、工業学校に入学した。

時は第一次大戦の最中。愛国心に駆られて、一九一八年五月海軍に入隊した。飛行隊を希望したが駄目だった。戦争は終結に向かっており、飛行隊増設計画は無くなっていた。この年一一月一一日、四年間に亘る戦争は終わった。多くの者が徐隊したが、工業学校で学んでいたのが幸いして、海軍に残れた。海軍は技術系が不足していたのだ。

一九一八年暮に、ニューヨークの海軍補助予備隊に移った。大戦中、海軍は輸送船隊充実を目的とし、兵科、機関科人材養成のため、一九一八年一月、海軍海外輸送隊を創設し、最終的に四五〇隻の船舶を保有したが、機関科士官が不足していた。この対策として、海軍蒸気工学学校が作られた。ロシュフォートは一九一九年一月、ここに入校。練習船に乗って、フランスから帰還兵を輸送した。一九一九年六月、臨時予備少尉。その後、タンカーに乗った。一〇月、晴れて予備少尉に任官した。

ロシュフォートは幸運に恵まれた。普通一九歳で士官にはなれない。アナポリスの海軍兵学校（Naval Academy）を二二歳で卒業しても、士官候補生を経て少尉任官となる。第一次大戦中、海軍に入隊し、機関科士官不足のため、臨時的学校教育を受けられたことが幸いした。

アメリ海軍暗号解読のエキスパートとして、ミッドウェー海戦を勝利に導いたジョセフ・J・ロシュフォート

一九二一年三月、中学時代同級だったエル

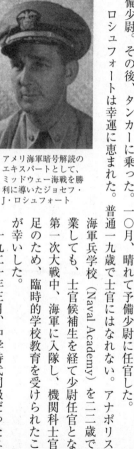

マ・フェイと結婚した。カトリックの両親はプロテスタントのフェイとの結婚に大反対した。日本では宗教にわりと無頓着だが、ヨーロッパやアメリカでは、宗教の違いは大きな問題である。アイルランド系カトリックのケネディが大統領選挙に出馬した時には、大きな波紋があった。大統領は英国系（アングロサクソン）でプロテスタントという不文律が厳然として続いていたからである。ロシュフォートはケネディと同じで、米国で長く蔑視され、迫害されたアイルランド系カトリックであった。

タンカー・クヤマ艦長の推薦でサンフランシスコ・メア島の海軍基地で正規士官登用試験を受けた。タンカー・クヤマの後は、掃海艇カージナルに転勤。

一九二一年一〇月、正規士官に登用された。正規の兵科・機関科士官は一九三〇年代まで、ほぼ全員アナポリスにある海軍兵学校出身者で占められていたから、通常の人事ではなかった。ロシュフォートは、後に太平洋艦隊作戦参謀補佐になり、司令官からその勤務ぶりを激賞されている。正規士官に登用された時にも頭脳の鋭敏さと、精励格勤が評価されたのだろう。

アナポリス出身者は、予備士官を必要悪のように考えており、第一次大戦中に大量に採用された予備士官の多くは大戦終了後の一九二一年まで予備役に編入された。ロシュフォートの正規士官登用は異例だった。兵士から正規士官になるものも稀にはいたが、ムスタング（野生馬）と俗称され、低く見られていた。第二次大戦後の一九六九年のインタービューで、「（ムスタングは）米国内の有色人のような弱い立場だった」とロシュフォートは答えている。

第二次大戦後は、この雰囲気が少し変わったのかも知れない。一兵卒からの叩き上げジェレミ・ボーダーが海軍作戦部長（大将）になった例もある。

一九二一年から二二年にかけて、戦艦コネチカット、駆逐艦スタンスベリー、巡洋艦チャールストン、再びタンカー・クヤマとめまぐるしく変わった。サンディエゴで進級試験を受け、一九二二年一二月、中尉進級。海軍大学（Naval War college）の通信コースを受講した。一九三二年、長男のジョセフ・ジュニアが生まれた。この息子はウエストポイント（Military Academy）に入って、後に陸軍大佐になった。

一九二四年一二月、戦艦アリゾナの機関長補佐。

一九二五年九月、臨時的に海軍作戦部内にある暗号解読班に赴任すべし、と航海局から通知があった。クヤマ乗艦時代の上官ジャージー少佐が海軍省勤務となり、ロシュフォートを推薦したからだった。一〇月、ワシントンに赴任した。この首都は生活費が高く、娯楽施設も高くて一部の者しか享受できない。だが、海軍を動かしている高級士官や文官に知られるチャンスがある。一九一八年に第一次大戦は終わり、議会

第一次大戦中に造られたアメリカ海軍の暗号信号室初代室長ラッセル・ウィルソン

は海軍予算を五分の四、人員を四分の三に減らしたので、ワシントンでの人員が不足するようになり、ワシントン行き、となったようだ。

日本海軍の軍令部に相当する海軍作戦部が創設されたのは、第一次大戦中の一九一五年。前々から海軍作戦担当部門の必要性は、海軍内の識者（例えばマハン大佐）から叫ばれていたが、このような組織は軍国主義をリードするドイツ参謀本部のようなもので、アメリカ建国の精神に反するとして、議会は反対してきた。時の海軍長官ダニエルズも消極的だった。次官は後の大統領フランクリン・ルーズベルト。第一次大戦となり、どうしても、必要となって一九一五年に海軍作戦部が創設されたという経過がある。

この海軍作戦部に「暗号信号室（Code and Signal Section）」が作られたのは、米国が第一次大戦に参戦した年の一九一七年。初代室長はラッセル・ウィルソン少佐、二代目はミロ・F・ドラエメル少佐。この暗号信号室は米海軍の暗号整備が目的で、いわば、暗号記法（Cryptgaraphy）を担当し、外国暗号解読（Cryptanarysis）は専ら英海軍に頼った。当時、通信情報などは予備士官や物好きがやるものとされ、正規士官には時間の無駄使いで、将官を目指すなら、砲術か航海術、とされていた。日本海軍でもこの部門は「腐れ士官の捨て所」とも自嘲され、健康に問題のある士官の臨時一時的配置部門でもあったから、当時日米海軍に共通した考えのある部門とも言えた。

ウィルソンは後に太平洋艦隊旗艦ペンシルバニア艦長になる。ある情報士官から艦長もかつて通信情報勤務をしていたと指摘され、「だが私は賢明にもそんなくだらん仕事から足を洗ったんだ」と答えたとレイトンは書いている。対日戦争に突入し、常設合衆国艦隊が創設され、司令長官にキングが任命された。キングは当時兵学校校長だったウィルソンを参謀長にした。しかし、何事も慎重に熟慮を重ねるウィルソンにあきたらないキングとの間がすぐに微妙になった。このためウィルソンは精神的にダウンし、更迭される。ドラエメルも、ニミッツの初期参謀長になったが、消極的作戦立案にニミッツは不満で、ウィルソンと同様に更迭され、南太平洋艦隊司令官となった。二人は平時の能吏であったが、戦時の野戦攻城型指揮官ではなかった。

暗号通信室を暗号解読専門の組織に再編したローレンス・サフォード

暗号通信室が暗号解読を主目的とする組織に再編されたのは、一九二四年一月。室長にはローレンス・サフォード大尉が任命された。サフォードは、アナポリスを一九一六年に卒業成績一五番という好成績で卒業したが、しわくちゃの軍服とぼさぼさの髪で、およそ海軍士官のイメージとは程遠い士官だった。ロシュフォートがここに赴任したのは一九二五年一〇月一日。暗号解読のエキスパートになる二人は、一方がアナポリス出、一方がアナポリスとは関係のない俗称ムスタング（野生馬）と違っていたが、スマートではない点で共通していた。戦時中、ロシュフォートは海老茶色の喫煙ジャケットとスリッパで徹夜作業を繰り返し、頭のぼさぼさ、無精ひげがトレードマークだった。

海軍作戦部の主要部門は作戦部（戦争計画部）、情報部、通信部であるが、それぞれOP－12、OP－16、OP－20と略称された。通信部内では暗号通信担当部門はOP－20－Gの略称を持ち、OP－20－GC（暗号デスク）、OP－20－GS（可視通信デスク）、OP－20－GX（研究デスク、後OP－20－GYと改称）に別れ、一九三四年に新しくOP－20－GZ（外国語翻訳デスク）が設置された。OP－20－Gは暗号名でネガト＝Negatとよばれ、ハワイの真珠湾に設置された支局（暗号名、ハイポ＝Hypo）、比島コレヒドールにあった支局（暗号名、キャスト＝Cast）を統括した。キャストは太平洋戦争中、比島が日本軍に占領され、メルボルンに移り暗号名ベルコンネンとよばれる。

ロシュフォートは研究デスクの責任者として、「日本語に習熟した日本陸海軍に詳しい人材を養成すべきだ」と情報部に進言した。当時の情報部には、日本語を学んだザカリアス少佐がいた。情報部は巡洋艦ロチェスター乗組のエリス・M・ザカリアス少佐に目をつけ、一九二六年初旬に情報部勤務に配置させていた。ロシュフォートとザカリアスは通信部と情報部との違いはあるものの、七ヵ月間一緒に仕事をした。この時のロシュフォートの進言とザカリアスの働きで、三年後にロシュフォートは日本語研修生に選ばれる。

ザカリアスは一九二〇年から三年間、日本語研修生、駐日大使館付海軍武官補の経歴があり、アジア艦隊情報参謀、情報部極東課長、サンディエゴ軍港を統括する第一一軍区情報主任、等を歴任し、太平洋戦争中は対日情報の責任者（情報部次長）として活躍した。

米海軍の日本海軍暗号解読の第一歩は、日本海軍使用の赤暗号（Red Code）への挑戦だった。これは、ニューヨークの日本領事館から一九二〇年に盗み出したものだ。また日本海軍高官の住む住宅に忍び込んで、日本艦隊のコードブックを大量に写真で撮ったのを参考資料にした。

ロシュフォートは赤暗号解読に集中した。食事や日曜を忘れて没頭。夜、寝床で思いついたのをメモしておき、早朝役所に行って確かめる。役所では何時間も机に向かって紙の前で考える。葉巻は少なくとも一日一本。両切煙草やパイプ煙草を燻らせながら、一日一〇時間以上仕事をした。地図やコンパスを持たず見知らぬ国を横断する方法を探すようなものだった。しばしば胃を病んだ。帰宅してから八時、九時まで疲れきって食事が出来ない日が続いた。リラックスするため、ゴルフや長距離散歩をした。体重が一七五ポンドから一五五ポンドまで減った。このような中で赤暗号を解読する一つの手掛りを見つけた。こんな没頭振りは、太平洋戦争前後のハイポ支所長時代も同様だった。

一九二七年九月二七日、二年間のワシントン勤務を終え、駆逐艦マクドノー副長兼航海士としてサンディエゴに転任。

海軍通信部長マクリーン大佐は、一九二六年一〇月の考課表でロシュフォートを次のように評価した。

「このような高度に専門化された仕事に特に適している人物である。暗号解読方面のエキスパートになるのは自明の事だ。平時、戦時を問わず無線情報の組織化に特別の資質を有している。彼の任務は国家にとって非常に価値がある」

マクリーン大佐の評価は、後のロシュフォートの経歴を見ると、よくその特質・

才能を衝いているのに驚く。

ワシントン時代、ロシュフォートにとってプラスとマイナスを挙げれば次のようになろう。

〔プラス面〕

①暗号解読に関わる第一歩となった。

②OP－20－Gの責任者サフォードと知り合った。

③後に対日情報責任者となったザカリアスに印象を与えたこと。

〔マイナス面〕

①海軍省内の政治的動き、権力闘争（通信部と情報部の縄張り争い等）を見て、嫌悪感を感じた。

②胃かいようを患った。

駆逐艦マグドノー艦長は、アーサー・S・〝チップス〟カーベンダー中佐。カーベンダーは駆逐艦ファンニング艦長時代の一九一七年、米海軍として最初にUボートを撃沈し、米海軍で二番目の名誉である「顕著軍功勲章（Distinguished Service Medal: DSM）」を貰っている。なお、ロシュフォートもミッドウェー海戦での情報活動により、死後ではあるがこのDSMを授与された。

部下に完璧を求める厳しい艦長だったカーベンダーは太平洋戦争中、南西太平洋軍（司令官マッカーサー大将）の海軍司令官（豪州パース駐在）となった。パースには潜水艦部隊だけしかいない。ここでも狷介《けんかい》さと細かさで潜水艦戦隊司令のロックウード大佐と犬猿の仲になった。あまりに細かく指示統制するので、明日の命の知れぬ潜水艦乗りの猛反発を食ったのだ。カーベンダーとロックウードの感情的対立が激しくなり、部下は刃傷沙汰になるのでは、と心配した。カーベンダーは陸軍関係者とも衝突が続いた。

結局、更迭され、後任はキンケイド少将（後の第七艦隊司令官）となった。キンケイドの妹は、真珠湾奇襲時に太平洋艦隊司令長官だったキンメルに嫁いでいる。

マグドノーの副長兼航海士であったが、射撃訓練の暗号通信にも関わり、駆逐艦戦隊通信参謀に進言した。戦隊通信士官は、①ルーチン通信と②重要通信を区別していない。①と②を分けて通信すべきである。この時、米海軍の通信暗号は容易に破られると思った。

一九二九年初め、戦艦カリフォルニアの通信士官トーマス・ダイヤー中尉と会った。ロシュフォートがOP‐20‐Gの研究デスク時代、六ヵ月の暗号解読講習を行なったとき、ダイヤーは聴講生だった。

ダイヤーは、ニミッツの情報参謀だったレイトンとアナポリスで同期（一九二四年組）で、太平洋戦争中、ハワイの通信暗号支所ハイポで支所長ロシュフォートを支える次席として活躍する。

一九二九年二月、「海軍通信進歩のための提言」を合衆国艦隊司令官ウイレー大将に提出し、その「写」を関係者に送付した。内容は、次のようなものだった。

（1）艦隊の通信量が多すぎる。このため、多くのパターンが重なって解読されやすい。

（2）以下の点について通信士官教育を充実すべきである。

①通信文書の書き方。②通信文をいつ書くか。③どの通信方法をとるか。④通信をどのように暗号化するか。

この時、戦艦テキサスの通信士官にジョセフ・R・レッドマン少佐がいた。後にロシュフォートの敵役になるレッドマンは、この提言書を見たと思われる。

三年前のワシントン時代、航海局に、東京で日本語を学びたいと希望申告していた。日本語研修生制度があり、毎年二人の海軍士官、三年に一人の海兵隊士官が選ばれていた。ロシュフォートは半ばだめだろう、と思っていた。航海局は妻帯者を研修生として日本に送るのを嫌っていたからだ。一九一〇年から一九四一年までに選ばれた者は五五名いたが、妻帯者は三人だけだった。研修生を送り出すのは情報部だったから、この部にいたザカリアスの推薦があったようで、日本語研修留学生に選ばれた。

(2) ニミッツ長官の情報参謀、レイトン

エドウィン・T・レイトン（Edwin T. Layton）はイリノイ州の田舎町に育った。兄がウエストポイントを目指していたので、ライバル意識からアナポリスを希望するようになった。アナポリス入学のためには連邦議員の推薦が必要。太平洋戦争時、第三艦隊司令官だったハルゼーは推薦がなかなか得られず、やむなく医学校に入ったりして何年か後に推薦を得て念願のアナポリスに入学した。ニミッツはウエストポイント希望だったが、頼みとする連邦議員のウエストポイント推薦数枠が一杯で、枠に余裕のあったアナポリスに推薦してもらった。テキサス育ちのニミッツは、それまで海を見たことがなかった。

レイトンは父の友人の下院議員の推薦を得た。イリノイ州では推薦を得た者が五人いたのだが、試験場にはレイトンしか現われなかった。これでは無試験みたいなもの

だ、と喜んだが不合格だった。そこで、もう一度受験する許可を貰うためワシントンの海軍省に出向いた。海軍省の一室で待っている時、ある衛生兵曹からアドバイスを受けた。まず、推薦してくれた下院議員から海軍省に電話してもらい「何とかしろ」と言ってもらうこと。次に、君は体重が基準より低いので、だめになったのだから、今度はバナナを食べ続けて口から溢れるまでにして、体重計に乗れ。

早速、父に電話して下院議員に海軍省に電話してもらうようにした。そうして、体重検査の時には衛生兵曹の言う通りにして、何とか合格にした。

アナポリスの同級生には、太平洋戦争中、ハイポでロシュフォートの右腕となったトミー・ダイヤーがいた。また、一年上には、後に海軍作戦部長となり、日本の海上自衛隊創設の父と呼ばれたアーレー・バークがいた。戦後、バークが死んだ時、日本から葬儀に参列した代表は、葬儀の最上席を与えられた。バークの遺体は海軍大将の軍服姿で、遺言により、胸には唯一つ生前に日本政府から授与された勲章が付けられていた。

太平洋艦隊司令長官ニミッツの情報参謀として作戦を補佐したエドウィン・トーマス・レイトン

一九二四年に卒業。戦艦ウエストバージニア乗組みとなった。翌一九二五年、サンフランシスコ湾に入り、日本海軍練習艦隊を歓迎するホスト役を与えられ、新米少尉レイトンは日本の士官候補生の案内役を命ぜられた。日本人を見るのは初めてだった。日本人士官候補生が楽々と英語を流暢にしゃべるのに驚いた。英語がわからないグループは見事なフランス語で応じた。

当時の江田島の海軍兵学校は英語コースとフランス語コースに分かれていた。一九二三年卒業（海兵五一期）組のクラスヘッドで、秋山真之の再来かと言われた樋端久利雄（後、山本五十六長官の航空参謀）はフランス語コース。翌年卒業の五二期の高松宮もフランス語コースである。レイトンがホスト役を務めたのが五二期であったとすれば、高松宮とか、ハワイ奇襲時に南雲司令官の航空参謀だった源田実や、ハワイ奇襲部隊飛行総隊長の淵田美津雄もいたはずである。ホスト役の米側は全員、日本語が一言もしゃべれなかった。四年前のワシントン軍縮会議以降、日米海軍は仮想敵国になっていたにも拘わらず、米側はこの有様だった。レイトンは日本人が米国人の言葉で意思を伝えることが出来るのに感銘を受けた。日本練習艦隊が去って、すぐに、レイトンは海軍省航海局に意見具申の手紙を書いた。

日本艦隊の親善訪問の際には、我が方も誰か日本語が話せる者がいるべきで、それを政策として確立すること、次に、自分は日本語習得を希望する、というものだった。

海軍省から公式の返事があった。日本語研修生制度は一九一〇年から始まり、第一次大戦で中断したが、一九二〇年から再開している、平均して毎年二名の海軍士官と三年に一名の海兵隊士官が選抜されている、という内容だった。

3 三年間の日本留学で日本語をマスター

教材は小学生の教科書から無声映画弁士の声まで

二九歳のロシュフォート大尉、二六歳のレイトン中尉は一九二九年九月、同じ船に乗り、サンフランシスコを出帆。ロシュフォートは妻と長男を同道した。ロシュフォートは物静かで、話しぶりも軟らか。レイトンはアナポリス時代の愛称がブルート（粗暴）であったように、向こう見ずで押しが強い。ただ、二人は痩せ形の長身なのが共通していた。レイトンによれば、ロシュフォートは日本滞在中の三年間、一度も暗号解読関連の仕事をしていた経歴を話さなかった。

三週間の航海の後、神戸に着いた。駐日海軍武官オーガン大佐は言った。

「日本語をマスターせよ、トラブルに巻き込まれるな。スパイ行動的なことは一切やるな。この二つが出来なければ、次の船で帰国させる。給与は月に一度取りに来い。それ以外に君たちと会うつもりはない」

オーガン大佐は日本語が出来ないので、武官補のアーサー・H・マカラム少佐に会わせてくれた。マカラムは一八九八年に宣教師の息子として長崎に生まれ、アナポリスを卒業、一九二二年、再び日本語研修生として日本にやって来た。一九四一年には情報部極東課長。太平洋戦争後期には第七艦隊（司令官キンケイド）情報参謀。ワシントン駐在の日本海軍関係者が情報部に電話「Commander McCollum in？（マカラム中佐はいますか）」すると、極東課員の多くは日本語が出来、流暢な日本語で「マカラム中佐は外出中です」返って来る。これは前述した。

マカラムは情報部に、妻帯者（ロシュフォート）を派遣したことに抗議の電報を打った。情報部からは特別な理由があるのだ、と返事してきた。返事にタッチしたのは恐らくザカリアスであろう。

独身者のレイトンは、ロシュフォートの家をよく訪れるなど二人の仲は親密だった。太平洋戦争中、ニミッツの情報参謀だったレイトンと、真珠湾の暗号解読支所長だったロシュフォートの信頼関係は、この三年間の日本滞在中に育まれたと言ってよかろう。給与の他、日本語研修のため月五〇ドルが追加された。当時の為替相場は一ドル二円だから、月に一〇〇円の研修手当であった。当時極めて少なかった帝国大学卒業者の初任給は五〇円から六〇円だったから相当の金額である。

レイトンによれば、週五日間、毎日一時間日本語の先生に下宿に来てもらった。小学一年生の教科書から始めた。無声映画に連れていかれ、弁士の説明を聞かされた。それから読み書きに入った。日本語の会話は容易だが、読み書きは甚だ難しかった。ロシュフォートもレイトンと同じようにして研修した。当時、日本に滞在していた日本語研修生は海軍士官が七人、海兵隊士官が二人いた。

日本語に慣れるには、米国人のいない地方小都市に住むのがいい、と勧められ、別府に住んだ。別府湾には日本艦隊が停泊することが多い。水兵たちは鉄砲を肩に上陸し、近くの山々で突撃の練習を繰り返した。日本人は決して休まないとの印象が強く残った。独身のレイトンは別府の花柳界で、優雅に遊んだ。ロシュフォートは、長女ジャネットが日本で一九三一年一一月に生まれることもあり、ずっと東京周辺で住んだ。東京近郊の林の中を自転車で走っている写真や、神社の境内でのスナップ写真が残っている。

ロシュフォートの日本滞在は、一九二九年から一九三二年までの三年間。その間、一九三一年九月には満洲事変が勃発し、一九三二年一月には海軍陸戦隊が上海に派遣された。

一九三二年一〇月帰国命令があり、家族四人（妻、息子、娘）はプレジデント・クーリッジに乗船して横浜を離れた。日本滞在中に母は七四歳で死んでいた。帰国して一時的に海軍情報部付となったが、すぐにカリフォルニアのサン・ペドロに駐留の戦艦メリーランド勤務となった。

レイトンは一九三二年一〇月、北平（現在の北京）の米公使館付海軍武官補佐官を命ぜられ、この地に四ヵ月滞在して帰国。

なお、日本語研修生として滞在中、関東大震災（一九二三年九月）に際して、横浜のグランドホテルから猛火の中、女性を救出して米海軍最高の名誉勲章（Medal of Honor）を授与されたトーマス・ライアン中尉がいたことを記しておく。

4　帰国後は情報参謀

(1) ロシュフォート、太平洋艦隊作戦参謀補佐兼情報参謀となる

ロシュフォートは、第一四回海軍大演習では巡洋艦オーガスタに乗艦して暗号解読作業に従事した。三〇日間の演習が終わると、戦艦メリーランドに帰り、砲術士官として勤務。

当時、将官になるためには砲術経歴が必要と考えられていた。艦長はグラフフォード大佐で、第一次大戦では顕著軍功勲章（DSM）を受賞している。ロシュフォートがOP-20-G時代には通信部次長で上司だった。

一九三三年五月二〇日、米海軍主力の戦闘艦隊（新鋭戦艦と空母より構成）旗艦カリフォルニアに作戦参謀補佐として赴任。司令官はウイリアム・H・スタンドレー大将。

スタンドレーは、ロシュフォートを考課表で「抜群の若手士官であり、稀な研究心の持ち主」と書いた。スタンドレーは、プラット作戦部長の後任として、艦隊を去る。新戦闘艦隊司令官にはジョセフ・M・リーブスが就任した。八年前、五三歳でペンサコーラ飛行学校を修了してパイロット資格を取り、空母サラトガ艦長を経て、航空艦隊司令官の経歴がある。

公式の場では、物静かで威厳があり、礼儀正しい。しかし艦長室や司令官室に入ると、雷親爺《かみなりおやじ》になった。ロシュフォートは駆逐艦マクドノー時代、完璧主義のカーベンダー艦長から評価されたが、リーブス司令官も「抜群の士官で、その判断力は素晴らしい」と評価した。太平洋艦隊司令長官セラーズの後任は、海軍作戦部長のスタンドレーと思われていたが、一九三四年七月、リーブスが司令長官となった。太平洋艦隊旗艦ペンシルバニアはドック入りし、臨時的にニューメキシコが旗艦になった。ニューメキシコにはトミー・ダイヤー大尉、ペンシルバニアにはレイトン大尉がいた。二人とも砲術士官だった。ロシュフォートは、作戦参謀補佐と情報参謀を兼務した。

ペンシルバニア艦長はラッセル・ウイルソン大佐。一九一七年、暗号通信室（後のOP—20—Gの前身）が創設された時の初代室長である。柔らかな物腰で紳士的、注意深く話し、スマートだ。この性格が太平洋戦争開戦直後、キング合衆国艦隊司令長官の参謀長になった時に災いした。何事も即断即決を求めるキングに対して、熟慮慎重型のウイルソンはついて行けず、精神的にダウンして更迭されたことは前述した。

リーブス司令官は、繁文縟礼《はんぶんじょくれい》（必要以上にわずらわしい礼儀作法のこと）やペーパーワークを嫌い、前任者セラーズのやり方を全面的に変えた。リーブスによれば、前司令官のやり方は余りに、組織化、教育化、理論化、管理化、複雑化している。若いロシュフォートは何でも出来る便利屋、役に立つ男としてリーブスに気に入られ、リーブスのトラブルシューターになった。海軍のルールとか官僚主義を嫌い、伝統正統的なことをやらないリーブスは、艦隊効率化のため、階級に関係なく若い士官を使うことが多かった。特にロシュフォートは重宝され、驚くほどのトップレベルの仕事をやらされたから、他の士官の嫉視を受けた。問題があると見るや命令系統を無視することも辞さなかった。そんな時にはロシュフォート参謀を差し向け、実行させた。ロシュフォートへの信頼は異常なほどだった。

ロサンゼルス市に水上機用施設と艦隊用機械工場を作る話が起きた時のことだ。リーブスはロサンゼルス市当局に、ロシュフォート中佐を派遣すると言った。ロシュフォートが「アドミラル。私は大尉に過ぎません」と言うと「中佐の階級章をつけて行け。君は中佐だ」。ロシュフォートはやむなく、中佐の軍服で市役所に出かけた。

市当局と艦隊の交渉の多くをロシュフォートが担当した。リーブスは考課表に次のように書く。「情報に関して、百科事典のように有能な士官。彼の階級の中では抜群の士官の一人である」「どの面から見ても少佐進級の資質があり、進級を強く求める」。

ロシュフォートは作戦参謀補佐として、対日戦争になった場合の日本軍の戦略を考え「日本軍の進攻予測」を書いた。内容は次のようなものである。

①比島に上陸、マニラ占領、②アリューシャンへの進攻、③米国西海岸攻撃、④パナマ運河攻撃、⑤マリアナ・カロリンには任務艦隊を置き、主力艦隊は日本内地に置くだろう。

艦隊情報参謀として、サンペドロ、サンディエゴ周辺の日本人スパイ問題も担当した。この地区は海軍第一一軍区。リーブスに頼んで、マカラム大尉を第一一軍区情報主任として、ワシントンから転任させてもらった。

兵卒上がりのロシュフォートがリーブスから極めて高い評価を得たことは、他の士官の嫉視と反感を招き、その後のロシュフォートの経歴に悪い影響を与えた。ロシュフォート自身、「ある人（リーブス）から大事に育てられることがなかったら、（私のその後の経歴は）もっと良かっただろう」と後に語っている。

筆者は、旧財閥系大手会社で三〇年間勤務した。大体、年功序列で人事が進められ、大勢順応の温厚篤実型が評価される会社だった。リーブスのように、学歴のない有能な若手を年功序列に関係なく積極的に活用するのはいいことなのだが、周辺の嫉視による中傷が集中し、結局、本人を潰してしまう例がなくもなかった。ロシュフォートのその後の経歴を見ると、頭が切れるだけに、自分の考えを直言することもあり、上司にその精励恪勤《せいれいかっきん》と頭脳明晰を重要視されることは、周囲からの嫉視を生み、多くの敵を作った典型的例のように思える。

主流のアナポリス出でないことも、周囲からの嫉視を倍増させた。

一九三六年六月、リーブスは海軍将官会議のメンバーとなり、ワシントンへ去った。後任はアーサー・J・ヘップバーンとなった。ヘップバーンの情報参謀はマカラムとなり、マカラムの後任（海軍第一一軍区情報主任）はロシュフォートとなった。

一九三八年七月、巡洋艦ニューオリンズの航海士として転任。

ロシュフォートの要望に応じて第11軍区情報主任となった情報参謀マカラム大尉

約一年後の一九三九年九月、偵察艦隊司令官にアドルフス・アンドリュース中将が任命された。アンドリュースはかつて戦闘艦隊の参謀長だったが、この時、ロシュフォートの能力の高さを知った。このため、偵察艦隊の作戦参謀補佐と情報参謀にロシュフォートを指名。日本海軍では、参謀は人事局のお仕着せだが、米海軍では、指揮官が自分の使いやすい者を指名する。ロシュフォートが偵察艦隊旗艦インディアナポリスに乗艦して、真珠湾に入港したのは一九三九年一〇月。

太平洋戦争中、海軍トップとなるキングとアナポリス同期のアンドリュースは、キングの合衆国艦隊初代参謀長ラッセル・ウイルソンと似たタイプ。映画俳優のようにハンサムで、ワシントン勤務時代には、見事な仕立ての洋服を着るので有名だった。ただ、見境なく権門にゴマをする、というので同期生から嫌われていた。

一九三九年の秋に少佐に進級して三年ちょっとになった。

中佐進級のため、一一月に身体検査を受けて合格。一二月に九人の少将から構成される進級審査委員会の面接を受けた。中佐進級の枠は一三二人あった。進級のためには六人の賛成が必要なのだが、ロシュフォートには六人の賛成がなく、進級出来なかった。

ロシュフォートを良く知るマカラムによれば、次のような理由からロシュフォートには敵が多すぎた。

①生意気な若い大尉が合衆国艦隊司令長官（リーブス）に可愛がられて、これが嫉視と反感の的となり、多くの人に悪感情を持たせた。

②ロシュフォートは自分の考えを述べるのに、余りにシャープ過ぎた。

③アナポリス出でなく、ムスタング（野生馬）と俗称される兵卒上りだった。

当時は、アナポリス出でないと、昇進は極めて不利だった。

コラム②　学歴による士官登用

日本海軍でも、兵科では兵学校出以外は米海軍以上の差別を受けていた。一例をあげる。お茶の水女子大の藤原正彦教授の大叔父は明治末年に四等水兵として海軍に入った。その後、三等、二等、一等の水兵階段があり、更に時間をかけて上官の評価を得なければ、三等兵曹になれない。三等兵曹になって、勤務を続け、勤務成績優秀と判断されれば二等兵曹となり、一等兵曹にならせて貰う。さらにその上の兵曹長になるのは限られる。

兵曹長から士官になるのは例外だ。兵卒から士官になれないようにするため、このように多くの階級を作ったとしか思えない。士官になっても、特務少尉、特務中尉の名称を付けて差別された。特務というのは無学歴という記号であった。藤原正彦教授の大叔父は海軍では極めて例外的に特務大尉まで昇進した。三〇歳半ばになっても、兵学校を卒業したばかりの二〇歳の若僧少尉に、先に敬礼し、敬語を使わねばならなかった。特務大尉になっても、陸戦隊の指揮権は海兵出の少尉にあった。

（「週刊新潮」二〇一〇年三月一八日号、「藤原正彦の管見妄語」）

民間大企業で人事の仕事をしたことのある筆者には、学歴だけで、このように差別する人事運営は想像もつかないことだが、現実にあった話だ。日本陸軍ではさすがにこのようなことはなかった。帝国大学を出ていようが、欧米の大学を出ていようが、財閥の御曹司であろうが、二等兵で入隊するのが普通である。特務などという無学歴を示す記号は付けなかった。

戦後はかなり異なってきたようで、一兵卒あがりのジェレミ・ボーダーは米海軍トップの海軍作戦部長（大将）に昇進している例もある。米海軍に属する海兵隊では、アナポリス出でも、大学卒でもない者の多くが海兵隊司令官（海兵中将や海兵大将）になっている。

ロシュフォートの中佐進級を強く推していたアンドリュースは、一九四一年の考課表に、「中佐階級のどんな仕事も出来ると信じている」と書いた。アンドリュースは人事を担当する航海局長の経験者だ。

戦闘艦隊司令官スタンドレーからは、「極めて優秀な士官」、太平洋艦隊艦隊司令長官リーブスからは「輝かしい将来を期待出来る抜群の士官」との評価を受けていたのだが、第一次選抜から外れた。

一九四〇年初め、妻、長女、義母をハワイに呼んだ。長男のジョセフ・ジュニアは来年のウエストポイント受験に備えて、ロサンゼルスに残った。

一九四一年初め、ウイルソン・ブラウン中将が偵察艦隊の司令官になった。中佐進級が出来ず、ショックを受けていたロシュフォートはこの時、海軍を辞めることも考えたようだ。

進級審査委員会の委員だったラッセル・ウイルソンは、一九四一年一〇月の再審査人物評で強くロシュフォートを推した。一九四二年四月一日に中佐に進級。

ロシュフォートは仲好しタイプでも、大勢順応型でもなかったが、普段は愉快な人物で、マナーも中庸だった。中佐進級後、巡洋艦ニューオリンズで一五ヵ月、巡洋艦インディアナポリスで一九ヵ月、勤務した。

(2) 無線諜報機関ハワイ支所の充実

時代は前に戻る。

一九三六年六月、リーブスは海軍将官会議のメンバーになり、ワシントンへ去った。後任はアーサー・ヘップバーンとなった。

一九三五年、OP-20-Gの責任者マカラン（J.W.McCaran: Arthur H.McCollumとは別人）は、ハワイの無電傍受機能充実を考えていた。ハワイでは、日本海軍の無電を傍受して、これをワシントンに送るだけで、暗号解読者は置いていなかった。マカランは暗号解読者を置くとすれば、「最適任者はサフォード、次はロシュフォート」と考え、ロシュフォートに当たったこともあった。

この時代、ロシュフォートはリーブスの参謀で、リーブスから大いに活用されていたから、リーブスの転任までは待って欲しいと答えていた。

レイトンはロシュフォートと同様、日本語研修生として日本に三年間滞在していたから、日本語に堪能だ。暗号解読（codebreaking）の仕事をしたこともあるが、暗号解析者（cryptanalysis）ではなかった。短時間に暗号を全部破ることはむずかしい。解読出来なかった空白部分を論理的に推測して、埋め合わせ、全体を読むのが暗号解析だ。

情報に関する多面的経歴から、レイトンは、艦隊作戦指導に関わる艦隊情報参謀に向いていた。

一九三六年、マカランは、とりあえず、ハワイの無電傍受機能充実のため、暗号解読経歴のあるトミー・ダイヤーをハワイに送った。当時のハワイ第一四軍区司令官はハリー・E・ヤーネル少将。

マカランの後任になったサフォードは、太平洋方面が緊張の度を増している現状と、海軍省内での情報部（ONI）と通信部（ONC）との縄張り争いの権力抗争に厭気がさし、OP-20-Gの仕事の一部をハワイに移すことを考え、実行した。大局はOP-20-Gが指導するが、日本海軍の暗号解読はハワイでやり、ハワイの中心的相手はワシントンでなく、太平洋艦隊である、とした。ハワイに独立性を持たせ、太平洋艦隊に直結させた方がいいと考えたのである。

一九四一年二月、太平洋艦隊司令長官はリチャードソンから、ハズバンド・E・キンメルに替わった。太平洋艦隊根拠地を米本土西海岸のサンディエゴからハワイ真珠湾に移動せよ、とのルーズベルト大統領の命令に疑問を感じたのがリチャードソンだった。艦隊後方施設の不備、日本軍から攻撃を受ける可能性を考え、ワシントン出張の際に大統領に直言して逆鱗に触れ、リチャードソンは更迭されたのだ。

ルーズベルトは富豪の実質的な一人っ子として育ったためか、諫言されたり、直言されるのを、嫌った。リチャードソンだけでなく、昔、自分の意向に逆らうような発言した者を執念深く忘れなかった。これで、経歴を損なった海軍士官は少なくない。三〇歳代前半に海軍次官として、第一次大戦中の海軍行政を取り捌いた経験から、海軍行政には誰よりも通じているとの自信があり、大統領になってからも、海軍士官停年名簿を座右に置き、噂や感想を書き込んでいて、高級士官の人事は独裁した。

リチャードソンが人事を扱う航海局長時代のこと。海軍内で衆望を一身に集めていたハート提督を次期合衆国艦隊司令長官に任命する主要人事案を持ってホワイトハウスに行った際、名簿を一瞥したルーズベルトは怒気を含んで、「この名前を消せ！」と命じたことがあった。

ハートは少佐時代に魚雷工廠長だったが、当時のルーズベルト次官が選挙目当てに工廠の労働組合を甘やかすのに疑問を呈した。このことをルーズベルトは二〇年以上も忘れていなかったのだ。

また、海軍作戦部長経歴のある士官の名前を駆逐艦名にする申請には、何度申請があっても許可を出さなかった。この提督はクーンツで、ルーズベルト次官の機嫌を損じたことがあった。

キンメルは、ルーズベルトが次官時代の副官で、お気に入り士官の一人。十人以上の先任者を飛び越えてのルーズベルトから直々の太平洋艦隊司令官任命だった。

ハワイで、無電傍受分析と日本語翻訳に従事していたのはトーマス・B・バートレー少佐だった。バートレーは一九二〇年代にOP-20-Gで暗号解読講習を受け、日本語研修生として日本滞在経歴があった。ただ、一九四一年中頃に海上勤務に出る予定で後任者が必要だった。

一九四〇年一月、合衆国艦隊司令長官がブロックからリチャードソンに代わった。ブロック大将は少将になって、海軍第一四軍区司令官になった。当時、米海軍では少将が最高階級で、任務によって、大将とか中将になり、そのポストを離れると元の少将に戻る制度である。海軍軍区司令官ポストの階級は少将。ブロックはロシュフォートを第一四海軍軍区司令部に引っ張った。

(3) レイトン、太平洋艦隊情報参謀となる

レイトンは一九三三年二月、日本留学から帰国。情報部に帰国を報告すると、日本の電力供給網の調査を命ぜられた。戦争になれば、戦略目標や爆撃計画が必要になるからであった。電力は産業の重要基盤である。その後、通信部に転任となり、OP‐20‐Gに配属となった。一九三三年六月、戦艦ペンシルバニアの砲術士官。アナポリス同期生のダイヤーも同じ砲術士官だった。一九三六年、ライト大尉がOP‐20‐Gから戦艦ペンシルバニアに赴任してきた。ライトは後に、ダイヤーらと共に、ハイポで活躍する。

ペンシルバニアは太平洋艦隊旗艦となり、司令官リーブスと共にロシュフォート参謀も艦内に乗り込んで来た。後に、ハイポで活躍するロシュフォート、ダイヤー、ライト、と太平洋艦隊情報参謀としてニミッツを支えたレイトンが同じ艦内で生活した。

レイトンは一九三七年二月、海軍武官補佐官として東京に赴任。

当時の海軍次官は山本五十六だった。次官室で会ったり、歌舞伎座や浜離宮の鴨猟に招待された。山本はトランプのブリッジが得意だった。

第一次大戦後、日本の委任統治領となったマリアナ、カロリン、マーシャルは一九二一年のワシントン海軍軍縮条約により軍事施設化や要塞化が禁じられていた。日米開戦となれば、この地域が主戦場となるのは必至だ。米国は、日本の委任統治領に注目し、ワシントン条約直後の一九二三年には早くも、海兵隊少佐ピート・エリスを商社マンに変装させてこの地域を探索させた。エリスは帰途カロリン諸島のコロール島で急死。日本官憲による毒殺の噂もあった。レイトンもこれら南洋諸島行きの船会社に何度も足を運んでキップを買おうとしたが、向こう一年間は予約満席の理由で断られた。

一九三九年の春、帰国。掃海艇ボグズ艇長となった。

レイトンが東京のアメリカ大使館付海軍武官補佐官時代に親交があった、後の連合艦隊司令長官となる山本五十六

掃海艇艇長を二年間やった時代、サンディエゴに入港し、ここ海軍第一一軍区の情報主任だったザカリアスに会った。日本語研修留学生の先輩ザカリアスから「太平洋艦隊の情報参謀にならないか」と尋ねられた。太平洋艦隊に情報参謀を置くべきだとワシントンに進言していたのだ。一九四〇年一二月、レイ

トンは太平洋艦隊情報参謀として、旗艦ペンシルバニアに赴任。

太平洋艦隊司令官は一九四〇年一月、ブロック提督からリチャードソンに交代したが、リチャードソンは艦隊を西海岸のサンディエゴからハワイに移すことに疑問で、ルーズベルト大統領に直言したため更迭され、わずか一年でハワイを去った。

一九四一年一月、ルーズベルトが海軍次官当時、副官だったキンメルが多くの先任者を飛び越え、太平洋艦隊司令長官に任命された。当時、後にロシュフォートやレイトンの敵役になるウェンガー大尉は比島コレヒドールにあった無電傍受暗号解読機関キャスト支所長だった。

5　ロシュフォート、ハワイの暗号解読機関の長に

日本海軍の無線傍受と解析

一九四一年六月、ロシュフォートはハワイのハイポ（暗号解読機関）支局長に補された。

ハイポはワシントンのネガトから大局的には指示をうけるが、行政的には海軍第一四軍区司令官の配下にある。各軍区司令官は港湾防衛、艦隊のための燃料、艦船補修施設、各種施設、衣料、食料の責任者であり、当時のハワイ方面を管轄する第一四軍区司令官はブロック少将。ブロックはアナポリス一八九九年組で、一九三八年から三九年まで太平洋艦隊司令長官だった。

ロシュフォートがハイポ支局長になった時、太平洋艦隊情報参謀はレイトン、ワシ

ントンの海軍情報部極東課長はマカラム。ロシュフォートは、ハイポには外交情報が不足しているとマカラムに苦情を伝えたが、デリケートな外交事項はワシントンが責任を持っている、傍受した外交関連をハイポに流すことは実際的でない、という返答があった。リチャードソンの後任になったキンメルが外交・軍事情報不足に悩んだことは後述する。

当時のハイポは士官一〇人、下士官・兵一三人の構成。

ロシュフォートを補佐するのは、トーマス・H・ダイヤー少佐。レイトンとはアナポリスの同期生だ。海軍内で二本から三本の指に入れられる暗号解読の実力者で、短躯、黒髪、大きな眼鏡、海軍士官というよりも、大学の数学教授といった感じである。独立独歩を通し、ワシントンのお偉方が嫌うようなヒゲを生やしたこともある。軍服も無造作だ。

日本語士官が五人で、うち一人はホロコム海兵大尉。ホロコムは中国語研修生として二年間北京で過し、その後は日本語研修生として日米開戦まで日本にいた。叔父は、太平洋戦争中、海兵隊司令官として海兵隊を指揮したホロコム中将（後、大将）。

ハイポは、ハワイ真珠湾所在の海軍第一四軍区司令部管理棟の一棟の地下室にあった。

　まず、狭いオフィスの一室に入り、ここから階段を下に降りる。地下室の入り口にには海兵隊員が立っており、五インチの厚さのドアを開けて入る。管理棟はどこにでもあるような簡素な二階建だ。地下室に窓はなく、換気が悪いうえ、煙草（紙たばこ、葉巻、パイプ煙草）の煙が充満している。数字情報を打ち込んで分析するIBM機械がうるさい。キーパンチされた大量の紙片がIBM機械に呑み込まれ、吐き出される。土牢みたいな地下室では、公式のきまりは無視された。軍服もラフだった。階級の上下に拘わらず、士官の間ではファースト・ネームで呼びあう。下士官兵は士官に「サー」を付けなくてもよく、作業衣でよかった。

　肝心のロシュフォートはスリッパを履き、海老茶色の喫煙ジャケットを着用、これはトレードマークになった。

　ここでは、暗号解読（Code-breaking）、暗号分析（Cryptanalysis）、と傍受無線解析（Traffic Analysis：TA）が行なわれる。

　傍受無線解析は、日本海軍が発信した無電を傍受し、これを解析する。無電発信の際には発信元と受信先をまず発信する。これをコールサインという。コールサインの発信元、受信先が判明できなくても、発信元の地理的位置は方位測定で分かるし、発信回数や発信量によって、種々の推測が可能だ。暗号を破れない時には専らこの傍受無線解析に頼った。

ちなみに、日本海軍軍令部特務班に所属する大和田通信所では、米海軍の暗号は破れなかったが、この傍受無線解析によって、米海軍の動きを探り、相応の成果を出している。

日本海軍の艦船プロット（所在表示）部門の責任者は〝ジャスパー〟ホームズ大尉の他、一人の下士官であった。

ホームズはアナポリス一九二二年組でダイヤーより二期上。一三年間海上勤務し、専ら潜水艦に乗り組んだ。定期身体検査で海上勤務が無理と判断され、一九三八年退役し、ハワイ大学工学部に職を得た。夏休みにはアレック・ハドソンのペンネームでサタデー・イブニング・ポスト紙に何篇かの小編を発表する文人肌の面があった。

戦争が近づき、海軍士官の増強が必要となった。第一四軍区司令官のブロック少将は、航海の知識があり、レポートの書ける人物を求めていて、ホームズを再び海軍に入らせ、海上勤務でないハイポでの艦船プロットをやらせた。ホームズは文才があったから、レポートが書ける。

一九七九年、ハイポの活躍を書いた *Double-Edged Secrets —— US Naval Intellige nce Operations in the Pacific during World War II*, Naval Inst. Press, 1979 をホームズは出版している。

ハイポは次の四つのグループに分かれていた。①日本語班、②傍受無電解析班（Traffic Analysis :TA）、③日本艦船所在地を示すプロット班、④暗号解読班。

一九四一年六月、ダイヤーの上司としてロシュフォートが赴任。二人は良く知っており、互いに専門技量を尊敬していた。ホームズの仕事は、太平洋の大地図上に磁石の模型艦船を配置する仕事だ。

次に日本語士官を二人紹介しておく。

日本語士官のアルバ・B・ラスウェル海兵大尉。一九二五年に海兵隊に入隊、一九三五年から三年間、語学研修生として日本に滞在した。その後、比島や上海で勤務し、ロシュフォートがハイポに赴任する直前の一九四一年五月にハイポに入った。レーソン・フーリンワイダー大尉は一九三二年から三年間、語学研修生で日本に滞在し、一九三九年六月にハイポに赴任した。ダイヤーに次ぐ古手だ。

暗号解読班は、ダイヤーを班長として、ライト、ホルトヴィッツが中心。ロシュフォートはマネジャーとしても力量を発揮した。ハイポ内を平時体制から戦時体制に変更し、八組を組んで週七日間、二四時間勤務体制にした。

日本海軍の暗号は、一九三八年までは青暗号（Blue Code）と呼ばれるものが中心だったが、一九三八年に黒暗号（Black Code）に変わった。黒暗号はＡＮ（作戦暗号、ＪＮ－23）とＡＤ（将官用暗号）の二つであった。ワシントンの暗号解読機関であるネガトのサフォードは、ＪＮ－23の解読を比島のキャストに、ＡＤの解読をハイポに委ねた。サフォードはＪＮ－23の解読に夢中だったので、使用の少ないＡＤをハイポに委ねた。使用の少ない暗号は生データに乏しいので解読は困難だ。

ロシュフォートはデータ類には全て目を通し、レポートを作って太平洋艦隊やワシントンに送った。

暗号解読機関の俗称は、ワシントンのＯＰ－20－Ｇをネガト（Negat）、ハワイの真珠湾のそれをハイポ（Hypo）、比島コレヒドールのそれをキャスト（Cast）と呼び、グアム島の傍受所をＢ基地と呼んだ。

英国の暗号解読機関は極東連合部（Far East Combined Bureau ;FECB）がシンガポールと香港にあり、ここととはキャストが接触した。

ハイポのロシュフォートと太平洋艦隊情報参謀レイトンの間には、防諜が施された直通電話があり、一日二〜三回情報交換をする。

ネガトのサフォードの考えに従って、ロシュフォートは太平洋艦隊へ直接情報を提供するようになった。サフォード以前には、ハイポの情報はネガトに送るだけであった。

6 真珠湾奇襲前後の無線傍受・解読態勢

(1) 日本海軍艦隊の所在を探査

一九四一年七月、日本軍が仏印に進駐。反発した米国は在米日本資産を凍結する。太平洋豪華客船の鎌倉丸や新田丸はサンフランシスコの岸壁に繋げられない。繋ぐと日本資産として凍結され、米政府の管理下に置かれる。当時の国際法では、領海は沿岸から三マイルだった。米国の領海三マイルの外で停泊し、乗船客はボートで上陸させた。

七月下旬、キンメルはマーシャル諸島からの日本軍来襲に備え、ハワイの西南西五〇〇マイルまでの航空機による長距離パトロールを命じた。ハワイの陸軍司令官ショート中将は陸軍を日系人のサボタージュに備えさせる。当時、米国植民地ハワイの人口比率では日系人が一番多かった。七月一六日から、傍受無線解析と無線発信元位置探査による、日本海軍艦船の動きに関するレポートを太平洋艦隊に提出するようになった。

傍受無線解析によれば、日本海軍艦船が動く様子はなく、潜水艦のハワイ接近の兆候もなかった。日本海軍の動きを全部ではないとしても、キンメルはレイトン参謀を通じて報告を受けていた。

ハイポは、まず太平洋艦隊に報告し、次いでネガトへ航空便を利用して報告。緊急の場合には無電を利用した。三番目にキャストに報告。

太平洋艦隊司令部は一九四一年四月、戦艦ペンシルバニアから、陸上の旧潜水艦基地管理棟の二階に移った。

オアフ島には真珠湾の東部のヒーイア（Heeia）、ルアルアレイ（Lualualei）に傍受所があった。この傍受所が過去二四時間に傍受した電信は、ハイポに運ばれ、傍受無線解析班のハッキンスとウイリアムズによって、毎夕、解析要約が作られる。翌朝、ロシュフォートはこれをチェックし、連絡士官役のホームズ大尉に渡す。ホームズは自動車を使って、艦隊司令部のレイトン参謀に持参するのが毎日午前七時。レイトンは自分なりの情報要約を作り、ロシュフォートからの情報要約も併せて八時一五分、長官室に行き、キンメル長官に説明する。説明を受けたキンメルは報告書の最後にHEKと非公式の署名をする。ちなみに、ルーズベルト大統領は非公式の文書では、FDRとサインした。報告時には参謀長が側におり、必要に応じて、戦争計画参謀、作戦参謀がレイトンの報告を検討するため呼ばれた。

レイトンは情報参謀になった時点で機密保持の宣誓を求められた。きわめて厳格な規則によって、極秘の通信情報を知ることが出来るのは太平洋艦隊司令官とその参謀のうちのごく少数に限られ、彼等も機密保持の宣誓をしなければならなかった。機密情報を直接知ることが許されない他の参謀のためにレイトンは特別情報要約を作ったが、情報源には一切触れない。キンメルが、作戦参謀を機密通信情報を知り得る者のリストに加えた時にも、キンメル直筆の許可書を貰った上で、作戦参謀マクモリス大佐（後、戦争計画参謀や参謀長になる）に機密情報を説明した。

艦内治安と、士官を凶暴な水兵から守るために海兵隊を艦内に常駐させる多民族国家アメリカは、機密情報に関しても、作戦参謀にすら知らせない体制を取り、知らせる場合は秘密保持の宣誓をさせる。同一民族国家日本海軍との相違である。

以上が、ホームズ、レイトン、キンメルの毎朝の行動であった。ロシュフォートがキンメルに直接説明することはめったにない。

ハイポからネガトやキャストに送ったレポートの「写」も、レイトン経由でキンメルに提出した。

ハイポで暗号解読を始めたのは、ワシントンのネガトのサフォードが一九三六年にダイヤーをハイポに配置してからである。最初は日本海軍の暗号システムの研究だけだった。一九三〇年代まではこれでよかったが、戦争が間近に迫っている。一九一六年アナポリス卒業のサフォードの同期生には、ハルゼーの参謀長になり、戦後海軍作戦部長に就任したカーニーとか、戦後統合参謀本部議長になったラドフォードがいた。

ハイポはリアルタイムにキンメルに重要な情報を提供する必要があったが、これはなかなか容易でない。日本海軍の作戦暗号JN-23の解読はワシントンのネガトと比島のキャストが担当していたのだが、この解読が遅々として進んでいなかったからだ。そのため、専ら傍受無線解析に頼らざるを得なかった。

日本海軍の発信位置探査精度向上のため、一九四一年九月にサモア、ダッチハーバー、ミッドウェーに方位測定支所（Direction Finding Unit = DF）が設置された。

傍受したのは、日常通信から重大なものまであった。天候とか人の異動は、下級暗号が使用されている。日本の機密外交暗号は、ワシントンで解読しており、ハイポはノータッチ。真珠湾東方のオアフ島東海岸にあるヒーイア傍受所はH局と呼ばれた。

H局とハイポの間には双方向通信テレタイプはなく、双方向の無線もなかった。電話はあったが、直通でなく、公共の電話網を利用するものだったから、秘密保持が難しい。二四時間分をまとめた生データを護衛付ジープやオートバイで運んだ。距離が三〇マイルあり、四〇分かかる。

生データはまず、通信解析班のハッキンスとウイリアムズに手渡される。二人は日本海軍のコールサインと艦船通信知識を基に誰から誰への通信かを考え、可能ならば、艦船がどの方向に向かっているかを推測する。

次に、暗号解読班のダイヤー、ライト、ホルトヴィックの所に渡される。暗号が解読出来れば、次に日本語班に渡され、解読された暗号が翻訳される。

日本海軍の暗号AN-1が最初に現われたのは一九三九年六月一日。これはJN-25（a）と呼ばれた。さらに、これを高度化したJN-25（b）（日本海軍の正式名「海軍暗号書D」）を日本海軍は一九四一年一月一日から使用し始めた。

ワシントンのネガトはJN-25（b）を解読するにはマンパワーが少なすぎたから、サフォードはキャスト（比島）と共に挑戦することとし、ハイポは将官用暗号（日本海軍の正式名「海軍暗号書甲」）の解読を命じた。これは発信数が少ない。手掛かりをつかむのが困難で、結局解読出来なかった。暗号解読班のダイヤーやライトはJN-

25（b）に挑戦することを望んだ。一九四一年三月五日、ネガトは、ハイポも七月からJN‐25（b）に挑戦させることを考えたが、キャストからの抗議をうけ、ハイポだけにやらせることはやめる。

(2) 傍受電解析により日本海軍の戦時体制準備を推測

ロシュフォートがハイポ支所長になったのは、一九四一年六月。将官用暗号は解読出来なかった。JN‐25（b）の解読は委ねられていなかったから、ハイポは傍受したJN‐25（b）の生データをネガトに送るだけだった。ある時はパンアメリカンの飛行機を利用、またある時には船便で送った。人事異動や天候、商船間の連絡などは下級暗号なので解読できたが、これでは艦船がどの方向に向かっているかは分からない。JN‐25（b）解読を担当していた比島のキャストは一九四一年一〇月一日までに五万件傍受し、解読出来たのは二四〇〇件程度だった。傍受電解析に頼るハイポは、それでも、一九四一年九月五日のキンメルへ提出した要約では、「日本海軍の動きが怪しい。再編成され、新しい任務部隊（Task Force; TF）が作られ、通信秘匿が強化された」と伝えている。

九月八日には日本軍の空母間、航空基地間の無電通信が増加した。九月九日には、空母赤城から以前には使用されたことのないコールサインにより、他の空母に発信されているのをH局がつかんだ。二週間この発信は続いた。通常の無線周波数とは全く異なる周波数に変えられ、コールサインも変更された。

ハイポは傍受電解析により、日本海軍の組織が変更され、戦時体制に入りつつあると推測した。

九月四日、米駆逐艦グーリアがUボートに向かって発砲。欧州で勃発した第二次大戦に米国は中立政策を取っていたが、これはUボートへの最初の攻撃だった。「Uボートを見つけ次第撃て（Shoot on Sight）」とのルーズベルト命令によるものである。ルーズベルトは三〇歳半ばの海軍次官時代、第一次大戦に遭遇し、Uボートに苦しめられた体験があった。

ノルウェーとスコットランドとの間に水中機雷原を設置し、Uボートを北海に閉じ込めることを発案し、実行したのはルーズベルト次官だ。また、第二次大戦では対Uボートに特化した低速安価な護衛艦のアイデアを出したのもこのルーズベルト大統領。

米海軍の日本関係者には、山本五十六に強い印象を受けた者が多かった。レイトンは駐日海軍武官補佐官時代に次官だった山本と次官室で会ったことがある。歌舞伎や浜離宮での鴨猟《かも》にも各国の駐日海軍関係者と共に招かれた。トランプのブリッジもやった。「非常に人間的、現実的な人で誠実な人（Very human, very real, and very sincere man）」と感じた。

日本語研修生としてレイトンやロシュフォートの先輩にあたるザカリアスは情報部員時代の一九二六年、当時駐米海軍武官だった山本大佐のワシントンの優雅なアパートに招待され、トランプのポーカーを楽しんだことがある。ザカリアスは山本を「活動的で短気だが、驚くほど有能、且つ自信に満ち、頭の回転が速い男」と思った。

ロシュフォートは、恐らく日本語研修生時代と思われるが、山本と一、二度会っている。しかしそれほど印象を受けなかったようだ。山本を「いわゆる扇動者の一人で、ある場合には東京からの指示には、恐らく従わなかったのではないか」と厳しい見方をしたのがロシュフォートだ。

開戦前夜の状況について、一九四四年の議会公聴会の証言で、ロシュフォートは次のように考えていたと証言をしている。

①日本は米国と戦争をしても勝てない。②故に、直接的に米国に戦争をしかけることはしないだろう。③だから、日本が狙うのはシンガポールか東南アジアだ。④米国

との戦争になるから比島への侵攻はしない、と思われる。

このような考えは、一九四一年秋に真珠湾にいた高官たちの一般的な考えでもあった。

前述したように、日本海軍の暗号電JN-25（b）の解読は、ワシントンのネガトとキャストの領分だ。ハワイのH局で傍受したJN-25（b）の生データは、傍受無線解析の後ネガトへ送られる。傍受無線解析をしていると、コールサインに「Itikoukuu Kantai（First Air Force）」というのが現われ、全く新しい海軍航空組織であることを示している。日本海軍は一九四一年四月に世界初の航空艦隊を編成していたのだ。

アメリカ海軍作戦部長
ハロルド・スターク

一一月四日のキンメルへの通信情報要約で、ロシュフォートは日本海軍に航空艦隊が設立されていると報告。

六月に赴任して来たロシュフォートがハイポを週七日、二四時間勤務体制にしたのは八月。

一九四一年一一月一日、日本海軍のコールサインが変更された。これは、通常に行なわれる変更ではないかもしれない。あるいは、この変更を利用して通信のより安全を図ったのかも。東京からの一般通信は続いている。太平洋艦隊のキンメルに提出している一一月六日の傍受通信情報要約には次のように書いた。

①昨日午後から始まった日本海軍の発信は宛先に関係なく、一つのコールサインが宛先になっている。

②宛先をオープンにするのを避けた、ある特定部隊への通信が多い。この宛先の確認は困難。

③コールサインは、今では通信文の中に埋められているようだ。本文はJN－25（b）によって暗号化されているので読めない。

一九四一年一一月五日、スターク作戦部長は太平洋艦隊のキンメルとアジア艦隊のハートに次の情報を与えた。日本海軍は日本商船に西半球（南北アメリカ大陸）水域から撤退するよう命じた。また、どの日本商船も日本本土海域から出ていない。

このスターク情報をロシュフォートは第一四軍区司令官ブロック少将から聞き、戦争が迫っている兆候の一つと考えた。

ハイポの情報要約はレイトン参謀を通じて伝えたから、ロシュフォートとキンメルが直接会うことは稀だった。レイトンとは親友の間柄だが、太平洋艦隊司令部へ行くことは少なく、防諜が施された秘密直通電話で二人は盛んに情報交換を行なった。

日本が空母を中心とする機動部隊を編成していることは、通信傍受解析から分かっていた。機動部隊は発信皆無のうえ、受信ばかりで、その所在はつかめなかった。呉、岩国、佐伯、油津、有明湾から盛んに偽電を打っていたのが、標的艦摂津《せっつ》だ。

ハワイ攻撃の機動部隊が千島列島択捉《エトロフ》島の単冠湾に向かった時点でハワイのハイポ傍受無線解析は推測を誤っていた。一九四一年一一月一二日の傍受無線要約（以下、「要約」と略す）は「日本艦隊は呉方面にいて、動きはない」とした。

一一月一四日「要約」。「日本の空母は日本周辺におり、その大部分は母港にいる」。

一一月一七日「要約」。「日本空母は、佐世保におり、少数が九州方面で運用中」。

一一月一八日「要約」。「日本海軍の日本近海での動きは探知できない」。

第一航空艦隊は完全な無線封止状況で何も分からない。他艦隊についてはコールサインが分からなかったが、傍受無線解析で、南シナ海方面とマーシャル諸島方面で動いているのは判明出来た。マーシャルは米領ウェーキ島に近く、ミッドウェーからハワイへ行く航路の西端に位置している。マーシャルのヤルートから真珠湾まで二五〇〇マイル。ハイポは、この方面の動きはつかんでいた。

一一月二〇日から二一日にかけ、コールサインと発信位置探知により、潜水艦がマーシャルに到着したのが分かった。

一一月二三日「要約」。「無電傍受によれば、潜水艦がマーシャル方面ないし、ある特定方面に向けて運用中と考えられる。その後、潜水艦からの発信はなく、日本軍の攻撃部隊は比島ミンダナオ島から八〇〇マイル東の、カロリン諸島のパラオに集まっているのではなかろうか」。

この日（一一月二三日）、キンメルはスタークから「日本との外交交渉による好ましい結果は極めて疑問」との警告を受けている。

一一月二五日「要約」。「一ないし、複数の空母部隊が日本委任統治領（カロリン、マーシャル）にいる」。

比島、グアムへの奇襲攻撃があるかも知れぬと、ロシュフォートは考えた。キンメルの関心は日本軍空母がマーシャルにいる可能性であった。

①南シナ海にいる日本兵力と、②日本委任統治領に空母がいる可能性について、キンメルはレイトン参謀を呼び、ハイポ情報を基に情勢分析を行ない、スターク警告をロシュフォートに伝えよ、と指示した。ロシュフォートは、無線解析班のハッキンス、

ウイリアムズ、暗号解読班のダイヤー、ライト、日本語班のラスウェル、フーレンワイダーを集めて協議。日本軍兵力が台湾の高雄、海南島に集結しており、第三艦隊は高雄、馬公方面に向かっている。日本軍は、東南アジア、蘭印に向かい、カロリン諸島パラオの兵力は蘭印のボルネオを狙っているのではないか。協議の結果を、一一月二六日スターク作戦部長とアジア艦隊ハート司令官、比島コレヒドールにある第一六軍区司令官経由キャストに伝え、「写」をキンメルと第一四軍区司令官ブロック少将に届けた。翌二七日、キャストから返電があって、潜水艦が日本委任統治領にいるのに疑問を呈してきた。

その後、スタークからキンメルに機密連絡はなかった。

日本海軍が南シナ海で合流しており、マーシャル方面でもその動きがあると、ハイポはキンメルに報告。空母と潜水艦がマーシャルに到着している、とのハイポの見解に比島のキャストは疑問を呈した。日本海軍の全空母は佐世保、呉方面にいる、というのがマニラのキャスト推測である。キャストはハワイのハイポにこの推測を伝え、ワシントンのネガト宛報告の「写」をキンメルに送った。ネガトのサフォードは両見解をスタークに提出し、キャストの推測がハイポのそれよりも信頼性があると、通信部長、情報部長に報告。

情報部極東課長マカラム中佐から、サフォードは次の考えを聞いていた。
①キャストは、その地理的位置からハイポよりも傍受状況が有利である。
②キャストは、ＪＮ－25（ｂ）の解読を担当しており、これを解読して読んだものだろう。
③キャストはシンガポールの英国情報機関と情報交換するのに有利である。サフォードの考えでは、ハイポは日本海軍の将官暗号解読を委ねているが、解読出来ておらず、天候通信などマイナーな通信しか読めていない状態にある。サフォードの推測に対して、ロシュフォートは次のように考えた。

確かに、比島のキャストはハワイのハイポより地理的に傍受に有利ではあるが、ハイポは南シナ海の日本海軍の動きをつかんでいる。キャストはＪＮ－25（ｂ）を完全には解読出来ていないのだから、キャストもハイポも傍受無線解析によって判断している。

レイトンは後に言った。ロシュフォートの推測は印象や第六感で得たものではなく、恐ろしいほど神経を費やす追求と知的格闘から得られたもので、彼は自分の判断を強く信じていた。だから、この時、ロシュフォートの見解が受け入れられなかったのには落胆した、と。

(3) ハワイが攻撃されるとは誰も思っていなかった

太平洋艦隊長官キンメルにとって、あいまいでない、明快な情報が必要だった。①ハイポ、キャストのいずれを信じるか、②日本空母はどこにいるか、③日本の委任統治領マーシャルで何が起こっているか、これは直接的脅威なのかどうか。

一一月二七日、スタークから次のような、戦争警告が入った。これは、戦争計画部長ターナーが作成したものだった。

①日本との交渉は行き詰まり、太平洋の平穏は終わったと思われる。
②日本軍による攻撃の動きがここ数日のうちに考えられる。
③日本海軍の任務部隊の動きは、比島、タイ、マレー半島、あるいはボルネオ上陸を示している。
④サモア、ダッチハーバー、ミッドウェー、ウェーキ、ジョンストン島、それにハワイを守るため適切な防衛体制をとるべし。

キンメルは、旧潜水艦隊管理ビル二階の太平洋艦隊司令部に次の主要幕僚を集めた。参謀長W・W・〝ポコ〟スミス大佐、作戦参謀ウォルター・デラニー大佐、戦争計画参

太平洋艦隊司令長官ハズバンド・キンメル（左）、元太平洋艦隊司令長官クロード・C・ブロック（中央）、戦争計画参謀C・H・マクモリス

謀C・H・〝ソック〟マクモリス大佐。

マクモリスはアナポリス時代より頭がいいのが有名で「ソクラテス、ソック」の愛称があった。後に、ニミッツの参謀長になる。口の悪さと顔のまずさ、押しの強さでは類がなかった。これ以上、容貌の醜い男はないほどで、そのうえ、あばた面だから、下の者はノートルダムの怪獣と呼んでいる。

指揮官タイプではなく参謀タイプなのがマクモリス。ちょっと、山本五十六の先任参謀黒島亀人大佐を彷彿させる。

マクモリスは、定期的によくハイポにやって来てコーヒーを飲みながらロシュフォートとしゃべった。日本軍のハワイ攻撃の可能性についてスミス参謀長はマクモリスに意見を求めた。マクモリスの答えは「ノー」だった。これは真珠湾やワシントンの高官の大多数の考えでもあった。

一一月二七日昼、スタークからの警告があり、午後にキンメルと第一四軍区司令官ブロック少将が地下室のハイポにやって来た。

ロシュフォートは一九三九年にブロックが太平洋艦隊司令長官時代から知っており、間柄は良好だった。キンメルとはレイトンを通じて情報要約を送っていただけである。

キンメルは一九〇四年のアナポリス卒業（六二人中一三番の卒業席次）。ルーズベルトが海軍次官当時、次官の副官として仕え、気に入られた。一九三七年に少将に進級し、その二年後に戦闘艦隊率下の第九巡洋艦戦隊司令官になった。一九四一年、リチャードソンがルーズベルト大統領の逆鱗に触れて更迭されると、三一人の先任者を飛び越えて太平洋艦隊司令官に任命された。ルーズベルトによる直々の指名であった。

精励恪勤型で、リラックスに時間を費やすとか、高級将校間の親睦交流とは無縁なのがキンメルだった。

家庭的団欒《だんらん》を避け、職務に邁進するため、キンメルは妻子をハワイに呼ばなかった。妻は太平洋戦争中第七艦隊司令官になったキンケイドの妹である。部下は誰もキンメルを称賛したが、彼等に深い影響を与えることはなく、好かれることもなかった。人々を惹きつけたり、部下の心の琴線に触れるといった、山本五十六やハルゼーにあったものは持っていなかった、と歴史家プランゲは言う。職務に没頭し、部下にやらせてよい些細なことまで抱え込む。部下から見れば、創造力に欠けているようにも見えた。

キンメルが最も評価したのはレイトン参謀で、しばしば司令官室に呼ぶ。レイトンの見方は多くの部下たちとは異なった。凡庸な部下にとって、キンメルは堅苦しい存在だが、決断力に富む完全主義者で、人情味もある。ふだんは海老茶色の喫煙ジャケットにパイプをふかし、スリッパ姿なのだが、将官が二人わざわざ地下室に降りて来るとなれば、さすがに軍服に着替えた。

イエスマンを嫌ったキンメルにロシュフォートは直接説明する機会を得た。

ロシュフォートは、先に提出した、マーシャル方面が深刻だという情報要約は、比島のキャスト見解と異なるが、ハイポの主要メンバーが一時間半に亘って議論した結果だと、二人に力説した。同じような内容の情報要約はレイトン経由で報告している。

「情報機能は作戦と切り離しておかれるべき」というのがロシュフォートの信念だった。これはフランス式参謀制度をとる米陸軍と同じ考えである。米陸軍の参謀部はG2（情報）とG3（作戦）は平等の発言力を持ち、両者を峻別する。ドイツ式では、作戦部の発言力が強力で、作戦部の意向が情報部の判断に優先する故、どうしても、情報が作戦部の願望的判断や恣意的意向に影響される。これは、自国と国力が同等ないし、それ以上のフランスやロシアと、場合によってはその両国との戦争も考えねばならぬドイツの苦し紛れの体制とも言えた。綱渡り的作戦の妙以外に対策は考えられない。必然的に、作戦部に強い発言力を持たせるようになる。日本海軍も国力優勢な米国との戦争に際して、堂々と四つに組むのではなく、綱渡り作戦に頼らざるを得なかった。真珠湾奇襲作戦とか、後のレイテ作戦がそうだ。ドイツに学んだ日本陸軍では、作戦参謀が独断的に情報部を無視することが多かったのは周知の事実だ。「情報部員は上官の方針を参考にしてはならぬ、さもなければ、上官への応援団やゴマすりになってしまう」というのがロシュフォートの考えだった。

キンメルが心の中でどんな考えを持っているか考えたくなかった。知ったら、自分の情報判断に色がついてしまう。そのため、事実だけを提供する態度をとった。九〇分間、地下室でどんな話があったかは記録に残っていない。恐らく、ロシュフォートは次のような説明をしたと思われる。

①南シナ海での日本海軍の動きから考えると、日本は攻撃を始めようとしているのではないか。

②日本海軍の第二艦隊、第三艦隊は呉、佐世保方面におり、海南島、台湾を根拠地としている。

③マニラのキャストは日本委任統治領のマーシャル諸島方面に動きはないと言うが、ハイポの判断は異なる。ここ何週間かの一五～二〇回の無電傍受による、有能な三～四人の士官の熟考によれば、潜水艦がマーシャル方面に向かっている。また、日本海軍はここ何年か、空母に随伴する不時着水事故等に備えて、飛行機護衛駆逐艦を運用してきた。一一月後半にこの種の駆逐艦に関連する無線をキャッチした。これは、マーシャル方面に空母がいることを示している。

ロシュフォートは、既にキンメルとネガトに、少なくとも一隻の空母がマーシャル方面にいると報告している。マーシャルの空母は巡洋艦、駆逐艦、タンカーを含む攻撃部隊ではあるまい。

④日本の目的はマーシャル東方のウェーキ、ミッドウェーではあるまい。ハワイでもない。マーシャルに存在すると思われる空母一～二隻と潜水艦は、日本主力艦隊が南シナ海に向かうに際して、その脇腹を米艦隊から守るためのものだろう。

⑤問題は第一航空戦隊の赤城、加賀、第二航空戦隊の蒼龍、飛龍、第五航空戦隊の瑞鶴、翔鶴がどこにいるかだ。ハイポは一一月二七日の情報要約で、これら空母は今も母国海域にいる、と報告していた。レイトンが後に言ったように、ハワイが攻撃されるとは誰も思っていなかった。

⑥空母群は何週間も静寂を保っている。これは、作戦前の無電封止なのか、あるいは母港で休息しているのか、のどちらかだ。七月の日本軍仏印進出時にも空母群は静かだった。

説明を受けてキンメルとブロックはハイポの地下室を出た。この日の二日前、二五日午前一〇時半（ハワイ時間：日本時間では二六日午前六時）日本機動部隊はハワイに向かって択捉島単冠湾を出港していた。

コラム③　単冠湾での出来事

ハワイ真珠湾奇襲に関しては、作戦立案に深く係わった源田実中佐、真珠湾空襲の上空からの総飛行隊長だった淵田美津雄中佐の回想録に詳しい。ここでは、単冠湾を望む小学校の校長だった菊地義夫氏からの作家吉村昭の聞き取りを参考までに挙げる。

日本艦隊が入港する二、三日前、海防艦「国後」（八五〇トン）が単冠湾に入って、択捉全島から外部への連絡を絶つため、郵便局の無線を封止し、船の出港を禁じた。理由は近く、大演習があるからと伝えられた。

集結の日、午前中授業をしていると、沖合からワーン、ワーンという不思議な音がしてきた。今までに耳にしたこともないような異様な音だった。授業を中断して、生徒たちと廊下に出て窓から沖を見た。薄く靄がかかっていたが、大きな船が見え、湾口に向かって進んで来た。後方から次々に船が現われる。驚いたことに、それらは軍艦で、午後になると明らかに戦艦と思われる巨大な軍艦や航空母艦も入ってきて、夕方には、三〇隻ほどの軍艦が湾を充満した。一一月二六日、朝、目をさまして外に出て見ると、大艦隊は跡形もなく消えていた。

（吉村昭『ひとり旅』文藝春秋、二〇〇七年、「奇襲の大艦隊を見た人々」）

❖参考②　大和田通信所

ここで、日本海軍の無電傍受と、その解析、暗号解読を担当した部門を簡単に説明したい。

昭和四年に軍令部第二班第四課別室の設置がその初めであった。その後、第一〇課に昇格。昭和一二年に外信専門の傍受所として大和田通信所が完成した。同年には第一〇課は充実され、第一一課となった。大和田通信所は池袋から出ている武蔵野線の東久留米から北へ行った雑木林と芋畑の中にあった。太平洋戦争中は、森川秀也司令、福島参謀、大石副長、谷口少佐が幹部。あとは予備士官と下士官・兵である。敵通信を傍受する傍受部、発信場所の方位を測定する方位測定部、両部からの資料を整理して作戦判断に結び付ける判知部の三部に分かれていた。

戦時中は、一日三回の定期自動車便と電話で軍令部特務班と連絡した。

大和田通信所の新設、方位測定体系の確立など軍事機構の組織化は曲がりなりにも行なわれたが、基礎資料（生データ）を解析し、さらに暗号解読の組織化がなければ、戦力化は出来ない。それにはこの部門の専門家の育成充実が不可欠にも拘わらず、開戦直前まで、ほとんど何もされていなかった。昭和の日本海軍は正面装備（軍艦や飛行機）の充実には関心を示したが、地味な情報機器（レーダー装置など）や情報関係人材の育成充実には関心が薄かった。開戦になると、この方面は泥縄式に予備士官で充実しようとした。

米海軍の暗号解読は出来なかったが、これら予備士官の努力で、傍受通信解析において、それなりの成果は出した。

（中牟田研市『情報士官の回想』ダイヤモンド社、一九七四年）

（4）日本の外交暗号は解読されていた

ＪＮ－25（b）はなかなか解読出来なかった。日本の外交暗号は大方解読されており、傍受電を解読翻訳する紫暗号機（Purple Machine）を海軍と陸軍は一九四〇年に作っていて、これで解読されたものはマジックと呼ばれていた。

紫暗号機はキャストに一台設置し、英国ブレッチェリーパークにある英暗号解読機関に一台送った。ハイポには設置されなかったので、日本の意向を知る窓がなく、スタークからの連絡だけが手掛かりだった。キンメルとロシュフォートが会った時点で日米外交危機が更に深刻化していたのを両者は知らなかった。東京は駐米大使に交渉の最終期限を一一月二九日と指示していた。紫暗号機を持っていたらハイポは知っていただろう。

ハイポから九マイル先にある日本総領事館には続々と訓令が入っている。米連邦法六〇五条（一九三四年制定）は有線であれ、無線であれ、外国と米国内との通信傍受を禁じていた。しかし、マーシャル陸軍参謀総長は一九三九年、これに対して緩い態度をとるようになった。

東京からホノルルの日本総領事館への無電は、ホノルル近くの陸軍フォート・シャフター基地にある暗号班（MS－5）が傍受し、これをワシントンに送っていた。MS－5は、九月二四日、豊田貞次郎外相がホノルル総領事喜多長雄に宛てた「真珠湾停泊艦船を報告せよ」との訓電を傍受したが、MS－5には暗号解読者や日本文の翻訳者がいないので読めない。パンアメリカン飛行艇を使ってワシントンに送った。天候不良のため出発が遅れ、ワシントンに着いたのは一二日後であった。この訓電はより低位の外交暗号J－19であった。ハイポの准士官の一人は総領事館用外交通信の専門家だった。ハイポがこの外交電傍受を手に入れておれば、低レベル暗号なのでそれなりに解読出来ていただろう。MS－5からハイポに解読依頼はなかった。MS－5からワシントンの陸軍情報部に送られたものは、海軍情報部に知らされたが、キンメルにも、ハワイ陸軍司令官ショート中将にも知らされなかった。

キンメルは、一九四六年の下院での証言で、「これを知っていたら、自分や幕僚の状況判断（Estimate of Situation）は大きく変化していただろう」と証言した。

ロシュフォートもキンメルと同様に真珠湾奇襲査問委員会で初めて知った。ハイポが紫暗号機を持っていれば、すぐにその内容が分かってキンメルとショートに報告したに違いない。ロシュフォートは日本海軍関係に限ってやっており、陸軍のMS－5

の活動にはほとんど関心を持っていなかった。外交交渉に関してワシントンで解読されたものはキンメルに伝えられるだろう、我々は日本海軍関係だけやる、というのがロシュフォートの考えだった。

一九四一年一一月二七日まで、マニラのキャストと、ワシントンのネガトはJN-25（b）の五万のコード・グループを解明できていただけで、これでは読めなかった。キンメルと会った翌日、ネガトより重要報告を受けた。一一月一九日、東京は主要大使館、公使館に次のような無電を打った、というのである。通常の低級暗号（J-19）であったのですぐに解読出来たのだ。

①非常事態となれば、日本の通常短波放送で知らせる。

②「東の風、雨」が二回続けて放送されれば、対米戦争開始であり、暗号書や機密文書を直ちに焼却せよ。

③「北の風、曇り」が二回続けて放送されれば、対ソ戦争開始であり、暗号書や機密文書の扱いは②と同じ。

④「西の風、晴」が二回続けて放送されれば、対英戦争開始であり、暗号書や機密文書の扱いは②、③と同じ。

米国政府は紫暗号機を使用し、東京が野村吉三郎大使に交渉最終期限を一一月二九日と指示しているのを知っていた。

一一月一九日、ロシュフォートは、ハイポの日本語士官コール大尉、バイアード、スローニム、ブロームリーの各中尉に二四時間勤務体制を取って、ワシントンから知らされた短波の周波数と、ハイポが知っていた周波数で聴取することを指示。コール、バイアード、スローニムの三人は一九三九年から開戦まで日本語研修生として日本に滞在していた。

当時のロシュフォートの関心は、第一航空艦隊の所在地だった。陸上からこの艦隊への無電は傍受されたが、艦船からの発信はなかった。第三航空戦隊の小型空母龍驤、鳳翔は台湾から日本に帰っている。大型空母の無電は静寂のままで、気がかりだ。機動部隊が択捉島の単冠湾を出た直後、赤城のコールサインが変更されたのをその時点でロシュフォートは知らなかった。日本海軍は、およそ半年ごとにコールサインを変えていたが、その時点で一一月三〇日（ハワイ時間）、日本海軍は一万五〇〇〇のコールサインを変更していた。今度の変更は変更時間が短く、予想はしていなかった。

一二月一日の「情報要約」。「コールサインが一ヵ月間ないのは大規模な作戦進行を示している」。ホームズはこの「要約」をレイトン情報参謀経由でキンメルに伝えた。

一一月二九日、スタークはキンメルに伝えた。

11月22日、単冠湾に停泊中の南雲機動部隊。アメリカ海軍は日本空母が日本国内に所在していると判断したが、実際は真珠湾を攻撃するため太平洋上に出撃していた

「日本との交渉は最終段階に入ったようだ。日本の将来の行動は予想しがたいが、攻撃行動がいつ起こっても不思議はない。ハワイ住民に警告することなく、防衛的諸行動、偵察行動をとられたし」。

翌一一月三〇日、キンメルはレイトン参謀に、あらゆる情報を入れろ、と伝える。この日は日曜だったが、レイトンは一日かけて情報の整理をした。心配の種は日本軍大型空母の所在地だった。第一、第二航空戦隊はまだ日本近海にいると推測しているのだが、無線発信がないので分析も出来ない。

一二月二日、ロシュフォートと意見交換後、レイトンはキンメルに次のように伝えた。

①日本海軍のコールサインの突然の変更は大規模作戦の前触れの可能性を示している。

②第三、第四航空戦隊は台湾付近を南下中。

アメリカ海軍作戦部戦争計画部長リッチモンド・K・ターナー

第一、第二航空戦隊の説明がないので、キンメルは直ちに尋ねた。レイトンは答える。「最近の情報は分かりません。敢えて推測するとすれば呉方面にいると考えます」。再びキンメルは尋ねた。「君は第一、第二航空戦隊の位置が分からんと言うのか」、「ノー・サー、日本近海にいると考えますが、何処か分かりません」。

空母部隊が突然静かになるのは過去にもあり、特別異常なこととも言えなかった。ハイポは第一、第二航空戦隊の大型空母（赤城、加賀、蒼龍、飛龍）の所在をつかんでいなかった。

一二月二日以降、傍受無線解析担当の二人の意見の相違があった。ハッキンズの意見は、ロシュフォートやレイトンと同じ意見で、無線発信のないのは、これら空母が日本の港にいて、出港の命令を待っているのだろう、と考える。これに対して、ウイリアムズの意見は、無線封止して行動中なのではなかろうか。日本語士官で七年間、日本と中国にいたことのあるホロコム海兵大尉もウイリアムズと同じ意見だった。後に、ホロコムは言った。「『日本は戦争準備をやっている、彼らが我々を攻撃してもおかしくない』と言うと、ハイポの連中は私を笑って『気が狂ったんじゃないか』、『Japs attack us? Never!』と言うんだ」。

ホロコムは前述したように、一九三五年から中国語研修のため二年間北京に滞在し、日本語研修生として日本に滞在したのは、コール、バイアード、スローニムと同じ一九三九年から一九四一年までだった。

一二月三日、スターク海軍作戦部長からアジア艦隊のハートと太平洋艦隊のキンメルに（「写」は第一四軍区〈ハワイ〉と第一六軍区司令官〈マニラ〉）次のような無電が入った。

「東京は、香港、シンガポール、バタビア（ジャカルタ）、マニラ、ワシントン、ロンドンの外交出先に『暗号書を即時焼却せよ』『紫暗号機を破壊せよ。ただし暗号システムの一つを残すように』との無電を打った」。

ロシュフォートは第一四軍区司令官ブロック少将からその内容を聞いた。

海軍作戦部戦争計画部長のターナー少将は考えた。暗号書と暗号機破壊は、これら外交出先のある国への戦争を考えているのがはっきりした兆候である。二、三日後に攻撃があろう。ロシュフォートも同じ考えだった。比島が目標になるだろう。そうなれば米国は戦争に巻き込まれる。マニラのアジア艦隊は直ちに対応しなければならなかった。キンメルはレイトン参謀を呼んで聞いた。「紫暗号機とは何だ」。レイトンは知らなかった。ワシントンからハイポにやって来たばかりのコールマン大尉に尋ねて知った。日本の外交用電気式暗号機で、ワシントンではこれと同じ機械を苦心の末に作り、これによって、米政府トップ層が日本の最高外交暗号を読めるようになっている。

ホノルル駐在のＦＢＩは喜多総領事が一二月四日の正午ころ、暗号書を焼いたのをつかみ、第一四軍区情報主任メイフィールド大佐に伝えた。大佐からロシュフォートはこれを聞く。

(5) 陸海軍の情報共有は不十分だった

陸海軍の情報共有は形だけは定められていたが、両者の文化風土や歴史的背景の違いによって、円滑に行なわれていなかった。

ハワイ駐留陸軍で、レイトンの立場にあったのは、ショート中将配下Ｇ２のフィールダー中佐で、陸軍航空隊の情報主任はラレー中佐。レイトンとロシュフォートは時々ラレー中佐と会い情報交換をしていた。日本政府が在外公館に暗号機を破壊し、暗号書を焼却せよとの訓令を出したことは、ラレー中佐に伝えたはず、と後にロシュフォートは言う。また、後の証言でG2のフィールダー中佐にホノルル総領事館で暗号書が焼却されたのを伝えたと言った。

ハワイ方面の陸軍部隊を指揮したウォルター・ショート中将

いずれにせよ、ショート中将にこれらの情報は入らなかった。ロシュフォートとフィールダー中佐との情報交換は、公式的なものはなかったが、週に一、二回会っていたと想像される。ただ、ハイポの無線傍受や暗号解読についてはフィールダーには何も知らされていなかった。

ハイポで得た機密情報を提供する高級士官リストはロシュフォートが作ったが、フィールダー中佐の名はなかった。ハワイの陸軍は海軍から機密情報を伝えられてなかったのだ。陸海軍の情報交換は主として防諜関係（counter intelligence）であって、無線傍受から海軍が得た情報は、陸軍が求めてもくれなかっただろう、とフィールダーは後に言った。ロシュフォートはフィールダーによそよそしく、打ち解けた関係ではなかったようである。

ワシントンの陸軍情報部極東課長ブラットン大佐は、東京から在外公館への機密関係書類焼却と暗号機破壊命令に「これは戦争だ」と思い、情報部長マイルズ准将と戦争計画部長ジロー准将に伝えた。「ハワイのショート中将に伝えるべきだ」とする大佐の意見にマイルズは賛成したが、ジローは反対した。充分な警戒態勢は既に国外各地に伝えてある、というのが反対理由だった。マイルズはジローに反対しなかった。

ブラットン大佐はあきらめず、海軍側相棒の情報部極東課長マカラム中佐を訪れた。マカラムはブラットンの考えに賛成したものの、「ハワイのロシュフォートは日米関係の現状をワシントンと同じくらいに知っている」と言った。ブラットンは思った。ハワイのG2（フィールダー中佐）は日米関係の現状をよく知っているロシュフォートと会うだろう。彼から日米関係の悪化が戦争警告を示していることを教えて貰っていると思われるから、ハワイ防衛の陸軍責任者ショート中将にも伝わるだろう。

ブラットン大佐は一二月五日（金）、マイルズ情報部長名でフィールダー中佐に無線電（№319）を打った。「直ちに海軍第一四軍区司令官を通してロシュフォート海軍中佐と接触し、東京からの風放送について情報交換せよ」。ハワイ陸軍G2次席ビックネル中佐によれば、№319電報をフィールダー中佐はちらりと見ただけのようで、机の上にあった。フィールダー中佐はこの電報のポイントが何か全く理解していなかったのか、ロシュフォートと会おうとしなかった。真珠湾奇襲後の調査でもこのNo.319電はフォート・シャフター陸軍基地のファイルには見つからなかった。フィールダーは後に将官に出世している。

日本からの短波放送、いわゆるウインド・メッセージ（風連絡）を、日本語士官のバイアード、スローニム、ブロムニー、コールの四人がハワイのヒーイア傍受所で分担して二四時間体制で聴き耳を立てていた。一二月五日（金）まで、この放送はなかった。

ロシュフォートは外交交信には関心がなく、自分の任務とは思っていない。日本海軍を追跡することが任務。自分に命ぜられているのは日本海軍の「将官暗号」の解読であり、主目標は日本海軍の動向だ。東京と外国公館との間の暗号J－19の解読には、解読のための基礎知識はあったものの、能力に乏しく、ワシントンで半日間で解読出来るものが、ハイポでは一〇日から一五日間かかった。

毎日のように、東京はホノルル総領事館に真珠湾の艦船の動きの詳細な報告をも求めている。ロシュフォートがこれを解読しても、外交交信に連続的にタッチしていなかったから、いつもの通常のものと思っただろう。一一月一九日の東京からホノルルへの訓電は、真珠湾の艦船がいつ動いたかだけでなく、何日間動かなかったか、あるいは艦船の動きなしの報告をも求め、①真珠湾に観測気球が揚っているか、②艦船に対魚雷防御網が備えられているかどうか、の報告を求めている。

第一四軍区情報部長メイフィールド大佐は、東京からホノルル総領事館に続々入る電信を傍受していた。通信の傍受は一九三四年の連邦通信法で禁じられていたが、情報部は長年にわたって、法を破っていた。一九四一年一一月、米国通信会社RCA社長がハワイにやって来た時、第一四軍区司令官ブロック少将は社長と会い、東京とホノルル総領事館間の交信ファイルのコピーを渡して貰うよう説得した。一二月初め、メイフィールド大佐にRCAから包みが届いた。大佐は部下情報部員に命じて、この包みをロシュフォートに届けさせた。メイフィールド大佐からの包みがロシュフォートに届いたのは一二月五日（金）の早朝だった。ロシュフォートは関心を示さなかった。

J－19で東京からホノルル総領事館に送られた通信は一二月二日で最後になり、喜多総領事は外交機密暗号書J－19を焼却した。

その後の交信は低位の通常通信LAとかPA－K2の暗号を使用するだろう。これを考えれば、重要な交信はないと思われた。一九四〇年八月にハイポ赴任となり、それまで二年間は上海で暗号解読に携わっていた、下級暗号に慣れている准士官ウードワードがいて、東京とハワイ総領事館の間の通信の解読を命じられていた。第一四軍区司令官ブロックがRCA社長に頼んだことは違法である。ロシュフォートは紙に残すなとウードワードに命じた。暗号解読ベテランのダイヤーもライトも、LA暗号の基礎知識はない。専ら日本海軍の「将官暗号」に取り組んでいる。LAとかPA-K2といった低級暗号でも解読には時間がかかる。ウードワードは解読に三、四日かかった。

一二月六日（土）、通常だとキンメルは、毎朝八時一五分からレイトン情報参謀から情報要約の説明を受ける。レイトンの情報説明はハイポ作成の「要約」に多く頼っている。

この日の朝、キンメルは、これから日本、中国、ソ連に行くというクリスチャン・サイエンス・モニターの記者と会っていた。キンメルは記者に次のようなことを語った。

①太平洋で米国が戦争に巻き込まれることはあるまい。②独ソ戦は厳冬期を迎えようとしている。この冬にソ連は崩壊しないだろう。③故に日本は対ソ、対米の二正面戦争のリスクを取って、米国を攻撃することはなかろう。

記者が去ってからレイトンの情報説明が始まった。

一二月五日（金）には東京から大量の発信があり、東京とカロリン、マーシャル間にも大量の交信があった。一二月五日までの二四時間にヒーイア傍受所の傍受した日本軍の無電がハイポに届けられた。傍受無線解析班のハッキンスとウイリアムズは夜遅くまでかけて、これを一頁に要約し、翌朝早朝ロシュフォートに提出、チェック後、連絡士官のホームズはレイトン参謀に届けた。説明をレイトン参謀から受けたキンメルは、情報要約のページの右下にHEKとサインした。これがキンメルの最後のサインとなった。

第一航空戦隊（赤城、加賀）、第二航空戦隊（蒼龍、飛龍）の存在は全く分かっていない。説明を受けたキンメルはレイトン参謀に戦闘艦隊司令官ウイリアム・S・パイ中将の見解を尋ねるよう命じた。レイトンは、パイとその参謀長心得のラッセル・トレイン大佐と戦艦カリフォルニア艦上で会った。

レイトンは説明した。日本輸送船がシャム湾に向かっていることは、彼等の目標は蘭印である。ここは米植民地比島の脇腹だ。ということは、間もなく、米国と戦争になるのではないか。これにパイもトレインも賛成しなかった。日本は我々を攻撃しないだろう。なぜなら、日米間の軍事力の差があり過ぎる。レイトンは帰ってキンメルに報告した。

キンメルは、参謀長スミス、戦争計画参謀のマクモリス、作戦参謀デロイを集めて、用心のため艦隊を洋上に出すかどうか協議した。

参謀たちの意見は、①空母の護衛なく洋上に出るのは疑問。この時点で空母は演習のため、洋上にあって、真珠湾にいない。②週末に艦隊を洋上に出すのは、一種の警戒警報だ。ワシントンもこれを避けたいだろう。③戦争となれば、マーシャル方面に出撃せねばならぬ。その前に燃料を浪費してしまうのはどうか、というものだった。

キンメルは艦隊を洋上に出さぬこととした。

被害を受けやすい飛行機を大量に搭載している空母は、バスケットに卵を詰め込んでいる（all eggs in a basket）ようなもので、複数隻共同運用していれば、敵の攻撃で一挙に破壊されてしまう恐れがある。現実にミッドウェー海戦ではそうなった。当時の米国海軍の空母運用原則は単独空母運用方式だった。日本海軍でもせいぜい二隻運用方式だ。日本海軍が六隻もの空母を集中させて運用する任務部隊を作っているとは考えられなかった。

ロシュフォートはキンメルのように楽観的になれなかった。ここ一、二週間を振り返ると次のようになる。

①一一月二六日の時点で、空母四隻は瀬戸内海に、一、二隻はマーシャル方面にいる。これが、ロシュフォートの推測。

②一一月二七日、日本軍の空母は全くロシュフォートの視界から消えた。以降、空母からの発信は皆無。

③一二月一日、日本海軍はコールサインを変えた。三〇日間で二回の異例変更だ。

④一二月三日、東京は在外公館に対して、暗号書を焼き、紫暗号機を破壊せよと命じた。ホノルル総領事館には紫暗号機がないので、重要な外交機密電はないと思われるのに、低級の暗号マニュアル二つを除いて焼却せよ、と命じているのはなぜか。

以上のような疑問はあったものの、真珠湾が奇襲されるとの考えは、ロシュフォートの頭の中になく、日本の眼は東南アジア、比島に注がれているものとばかり考えていた。

一二月六日（土）、あるシステムを残してホノルル総領事館が、暗号書や機密文書を焼いたことをワシントンへ打電。しかし第一四軍区の通信士官は緊急電でなく、普通電で送ったため、ワシントンに届いたのは真珠湾奇襲後であった。

一二月六日午後、ロシュフォートはハイポの地下室を出て、マノア渓谷にある自宅に帰った。同じ六日午後、ホノルル総領事館はRCAホノルル支局に電文を持参して、最後の電文を東京に送った。一二月二日に東京から依頼のあったものの返答で、真珠湾に観測気球は見られず、戦艦には対魚雷防御網はないと思われる、という内容であった。

日本海軍軍令部は真珠湾の米艦隊の情報蒐集のため、吉川猛夫予備少尉を森村正の変名を使って領事館官員の名目で派遣していた。吉川がホノルル総領事館に赴任したのは一九四一年三月二七日。五月一二日に第一信を送ってから一〇〇通以上の電信を送っていた。

東京からホノルル総領事館へは無線で送られ、ホノルルからの通信は民間の通信社（米国RCA社、英国マッケイ社）と通じて有線で送られた。暗号は領事館用暗号のJ－19が使用された。

この一二月二日の最後の電信を、RCA社から秘密裏に入手し、すぐ解読する体制が整っておれば、解読出来たのだが、ハイポはこの電文を読まなかった。

南雲機動部隊艦載機の攻撃を受けるハワイ真珠湾内のフォード島に停泊中のアメリカ戦艦群

日独伊三国同盟の空文化や、中国大陸、仏印からの撤退を求める、いわゆるハル・ノートが野村吉三郎大使に手渡されたのは一一月二六日。ホノルルの日刊紙二紙はハル・ノートの詳細を伝えていた。新聞で知る程度でキンメルもロシュフォートもワシントンで行なわれていた日米交渉の詳細は知らなかった。ワシントンから送られて来たハル・ノートを見て、東郷茂徳外相は、目も眩むほどの衝撃に打たれた（東郷茂徳『時代の一面』原書房、一九八九年）。

ハル・ノートを野村に手渡した翌日、ハルは、スチムソン陸軍長官に「私の仕事は終わった。これからは君とノックス、つまり、陸軍と海軍に任せる」と言った（ジョナサン・G・アトリー著『アメリカの対日戦略』五味俊樹訳、朝日新聞社、一九八九年）。

このハル・ノートが日本に開戦已む無し、と決断させた。米国もこれで戦争と思ったことは、ハルのスチムソン陸軍長官への言葉でも容易に分かる。もちろん、ルーズベルト大統領も、今までに次々と打ってきた対日経済封鎖政策（特に、石油禁輸）もあり、むしろ戦争を望んでいたと考えられるから、対日戦に突入すると思ったに違いない。このような緊迫した雰囲気がハワイに伝わっていれば、キンメル太平洋艦隊司令長官や、ハワイ防衛を任務とする陸軍のショート中将は、より厳重な防御態勢を取っていただろう。ルーズベルトが敢えて、ハワイに知らせなかったのでは、という疑念が生じるのは自然である。

無線傍受により、マーシャル諸島方面に飛行機護衛駆逐艦がいると考えたロシュフォートは、この方面に空母が三隻いるのでは、と推測してキンメルに報告していた。キンメルの幕僚スミス参謀長、マクモリス戦争計画参謀、デラニー作戦参謀、それにロシュフォートと緊密な情報交換をしているレイトン情報参謀は、もしハワイが攻撃されるのなら、マーシャル方面から進んでくる部隊だろう、と考えた。キンメルもそのコースと考えられるハワイの南方方面に航空偵察をさせていた。

当時、太平洋方面には米空母が三隻いた。サラトガはサンディエゴにおり、エンタープライズ（ハルゼー中将指揮）は戦闘機をウェーキ島に輸送してハワイに一二月七日（日）午前七時半に帰港予定で帰還途中だったが、荒天のため給油が困難で予定通り帰れず、真珠湾奇襲時には真珠湾西方一三〇マイルにいた。予定通り帰港していたら、やられていただろうし、途中で日本機動部隊に遭遇していても空母六隻を相手にしては、簡単に叩き潰されただろう。もう一隻のレキシントン（ニュートン少将指揮）はミッドウェーに戦闘機を輸送中で、真珠湾が奇襲されたと知り、任務を中止してハワイへと舵を切った。

八日前に東京からホノルル総領事館への通信を解読するチャンスがありながら、ハイポは「将官暗号」解読に集中していて、この通信を読まなかった。

日本海軍の主要作戦暗号JN－25（b）の解読は、今まで、前述したように、キャストが担当していた比島のキャストはシンガポールの英国情報機関と共同作業をしており、多くのデータを持っていたから、JN－25（b）の解読を委ねられていたのだ。

(6) 真珠湾奇襲後の暗号解読、無電傍受体制

一二月一〇日、ワシントンのネガトのサフォードは、ハイポにJN－25（b）の解読に取り組めと指示した。

マニラのキャストから資料の梱包が船積みされ、サンディエゴ経由ハワイに送られた。ハイポに届いたのは一二月一五日だった。暗号解読の中心は、暗号解読班のダイ

ヤーとライト、それにホルトヴィッツだ。

ロシュフォートがこの資料を一一月初旬に入手していたら、解読していたかも知れない、そうすれば、南雲部隊のハワイ作戦に気付いていたかも知れない、とレイトンは後に言った。現実には解読班が取り組んで三ヵ月後に一部が読めるようになったのだが。

ネガトのサフォードがJN－25（b）の解読に関して、ハイポをはずしていたのは誤りだった。レイトンは次のようにも言った。七月にハイポが担当していたら、キャストやシンガポールの英情報機関と共同して、より早く解読が出来たのではあるまいか。

ハイポのダイヤーもライトもJN－25（b）が手ごわいとは知っていたが、現実に始めてみると、困難さを痛感した。一二月一日時点で、ネガトは五万ある暗号コードのうち、三八〇〇コードを読んでいたに過ぎなかった。キャストはネガトより解読が進んでいたという説もあるが疑わしい。キャストの責任者だったファビアン少佐は、戦後の下院証言で、解読は初期段階だったと証言した。解読できる状況ではなかったのである。ロシュフォートによれば、一二月七日以前の状態は日本海軍の低級から高級までの各種無線暗号は一〇％か一三％くらいしか読めなかった。重要な高級暗号の解読率は当然、それ以下であった。

前述したように、日本海軍は真珠湾奇襲時の三日前に暗号システムを変更した。それは、三ヵ月前の八月一日にやったのと同じだった。この時には、キャストから、日本海軍は暗号の一部を変えたが、五万あるコード・グループの基本暗号ブックの変更はない、と連絡を受けている。

開戦後、マニラ湾入口のコレヒドール島にいたキャストは連日爆撃を受け、機能が低下し、情報提出先のアジア艦隊（司令官はハート大将）は潰滅。戦争となると太平洋艦隊へのリアルタイムの情報提供が喫緊事項となった。このため、ワシントンのネガトの任務は、即時的に作戦に役立つものよりも、大局的、研究的運用に任ずるようになった。日本海軍の主要作戦暗号たるJN－25（b）の解読はハイポの任務となり、キャストやネガトは補助役的になった。

かつて、ネガトで暗号解読に携わり、太平洋艦隊情報参謀の経歴を持ち、三年間語学研修生として日本に滞在したロシュフォートは、その日本語能力によって、ハイポによるJN－25（b）解読をリードした。

暗号は五ケタの数字が使用され、五万以上ある五ケタの数字は、それぞれ、語句や単語やカタカナの字や、数字を表しており、発信される時にはこの五ケタの数字にさらに、三〇〇頁に及ぶ附録の乱数表数字が加えられたものが発信される。暗号解読班は傍受した生データからパターンを探ることから始める。これは、生データの数字をパンチカードにパンチし、これをＩＢＭ機に挿入して分類する。

五〇〇人の海兵隊員と一個飛行隊が守るウェーキ島に日本軍の攻撃が始まった。一二月一六日、キンメルは三個の任務部隊（ＴＦ）を編成し、それぞれに任務を与えた。

①ＴＦ14（フレッチャー少将指揮、空母サラトガが中核）、②ＴＦ11（ウィルソン・ブラウン中将指揮、空母レキシントンが中核）、③ＴＦ８（ハルゼー中将指揮、空母エンタープライズが中核）。

①は、真珠湾から二〇〇〇マイルのウェーキ救援、②は同じく二五〇〇マイル先、マーシャル諸島のヤルート攻撃。日本軍のウェーキ攻撃機はヤルートを発進していた。③は①の後からウェーキ作戦を行なう。

任務部隊ＴＦが出発した直後の一七日午後三時、キンメルは解任、更迭された。後任は航海局長だったニミッツ。ニミッツがハワイに到着するまでの間は戦闘艦隊司令官だったパイが臨時合衆国艦隊司令長官になった。

ＪＮ－25（ｂ）が解読出来ない状況下では傍受無電解析が頼りになる。無線発信点の認定（Direction Finding）、コールサイン分析、そして発信時刻や電信量、その他によって推測を行なうのが傍受無線解析だ。

ウェーキ周辺の日本軍の動きや侵攻予測をハイポはパイに報告。一二月二〇日から三〇日にかけてウェーキ攻略に、蒼龍、飛龍の二隻の空母と数隻の巡洋艦、駆逐艦が加えられたと推測した。

出撃したＴＦの日本軍への奇襲は成功するだろう。なぜなら、日本軍はこの時点で米空母の存在位置をつかんでいないからだ。この考えをロシュフォートはパイに伝えなかった。ＴＦの作戦内容を知る必要はなく、ハイポとしては、日本軍の動きを推測して伝えるだけだからだ。これをどう利用するかは、用兵家の仕事だ。作戦は当然ながら、情報を基礎にしなければならぬが、情報が作戦から影響を受けてはならない。作戦に追従するような情報を出したら、情報部門の自殺だ。

パイは、前任キンメルの野心的ＴＦ作戦に疑問を持った。自分はニミッツが赴任までの臨時だ。とりあえずの任務は日本軍の攻撃に対処することだ。この取り敢えずの対処にウェーキ救助を入れるべきか。パイは空母のリスクを心配した。

一二月一二日、パイは作戦中止命令を出す。一二月二三日、ウェーキは日本軍の手に陥ちた。

ノックス海軍長官はパイの消極的行動に不満を持った。パイとアナポリス同期のキングはパイを決断力のない「象牙の塔の住人」と考えていた。このためか、パイは更迭され、海軍大学のスタッフとなって以降、海上に出ることはなかった。ウィルソン・ブラウンもノックス長官から見れば、消極的に思えた。ウイルソンはその後、ホワイトハウスに設けられた地図室（マップ・ルーム）の管理者として前線には出られなかった。

(7) 海軍首脳の新布陣、キング、ニミッツがトップに

真珠湾奇襲後、ルーズベルト大統領は、米海軍首脳の新布陣化を行なった。常設合衆国艦隊を創設し、司令長官にキング大将を任命すると共に、キンメル太平洋艦隊司令長官の後任にニミッツ大将を指名した。また、スターク海軍作戦部長を更迭し、キングに海軍作戦部長を兼務させる。キンメルとスタークの更迭は、真珠湾奇襲の責任を取らせる意味があった。従来、常設合衆国艦隊はなかった。太平洋艦隊と

大西洋艦隊が合同演習する場合など臨時的に合衆国艦隊が編成されて太平洋艦隊司令長官が合衆国艦隊司令長官となっていた。

真珠湾奇襲後のレイトン、ロシュフォートにも大きな影響があった、米海軍首脳の新布陣について、簡単に説明しておく。

真珠湾が奇襲を受けた一二月七日（日本時間では八日）、大西洋艦隊司令長官キングは旗艦オーガスタにいた。翌八日、海軍省に出頭せよとの電話を受ける。午後、ロードアイランド州のキングストン駅からワシントン行きの急行に乗った。夕刻ワシントン着。その夜はワシントンの自宅に泊まった。一二月九日、ホワイトハウスでルーズベルトと会う。以降、四日間ワシントンに滞在して、オーガスタに帰艦。一二月一五日、夜行列車で再びワシントンに向かい、一六日着。海軍省で真珠湾から帰ったばかりのノックス長官に会った。

ノックスはルーズベルトの決定を伝えた。①太平洋艦隊司令長官キンメル（アナポリス一九〇四年級。以下アナポリスは省略）の更迭とその後任にニミッツ（一九〇五年級）の任命、②常設合衆国艦隊の設立と、その長官にキング（一九〇一年級）の任命。いずれも、海軍軍服組トップであるスターク（一九〇三年級）海軍作戦部長には相談なしの、ノックス海軍長官の推薦によるものだった。

ちなみに、スタークは次の太平洋艦隊司令長官には、海軍作戦部次長として自分を支えてくれたインガソル少将（一九〇五年級）を、大西洋艦隊司令官はそのままキングに、アジア艦隊司令官にはニミッツをと考えていた。

前海軍作戦部長でルーズベルトから信頼の篤いリーヒ（一八九七年級）は真珠湾奇襲直後、ルーズベルトに対して、海軍トップ候補にハート（一八九七年級：リーヒの級友。日本海軍の山梨勝之進と同年卒業）、キング（一九〇一年級：日本海軍の米内光政と同年卒業）、ニミッツ（一九〇五年級：日本海軍の豊田貞次郎、豊田副武と同年卒業）の三人を推挙し、三人のうち、ハートを最も安心できる人物として推していた。

ノックスによるキングの推薦は、キングが大西洋艦隊司令長官になる前の海軍将官会議メンバー時代、その頑健な体力と職務への精励振りに舌を巻いていたことが原因である。

キングを米海軍のトップに据えたのは、人事としてベストだった。キングは、人間関係処理が不得意の上、大酒飲み、無類の女好き、といった欠点は多かったが、太平洋、大西洋に跨る大海軍戦争を指揮する海軍トップとしては、これ以上の人はいなかった。まず第一に頭脳の冴えた戦略家である。第二次大戦の米戦略を彼ほど明快に示した人を筆者は知らない。そうして、彼の戦略予想通り、戦局は推移した。第二に強力な意思と頑健な体力の持ち主である。第三に、彼が水上艦勤務に続いて、参謀勤務、潜水艦関係、航空艦隊関係の経歴が長いことだ。第二次大戦の主力となった、潜水艦戦争、空母艦隊戦争に経験と見識が深かった。しかも、参謀勤務の経歴もある。

ルーズベルトとしては、信任厚いリーヒ海軍大将の推薦（ハート、キング、ニミッツ）やノックス海軍長官の推薦（キング、ニミッツ案をとったものと思われる。事は急を要する。その後、間を置かずにスターク海軍作戦部長を更迭したのは、平時ならばスタークでも何とか持つが、戦時海軍のトップとしての力量をルーズベルトとしても疑問視していたのではあるまいか。国務長官を歴任し、陸軍長官は二度目の長老スチムソン陸軍長官は遠慮なく「あの立場にある者としては、気が小さすぎる」と酷評していた。

スチムソンの評はルーズベルトやノックスの耳にも入っていたと思われる。海軍長官としてノックスは、その首席補佐官たる海軍作戦部長スタークに接することが多く、スタークの器量に、相棒のスチムソン陸軍長官と同様、慊《あきた》らないものがあったのではなかろうか。

ノックスから、合衆国艦隊司令長官に、との話を聞いたキングは次の問題点の解決が必要だと、自分の考えを述べた。

①従来、艦隊のトップは海上にいるものとされてきたが、事態が変わり、太平洋と大西洋の両艦隊を指揮する必要が生じている。合衆国艦隊司令部は、海軍省、ホワイトハウスに近い、ワシントンに所在し、ここから指揮する必要がある。

②ワシントン所在となれば、海軍作戦部長との関係が問題になる。

一二月一六日、午前、ノックスから、合衆国艦隊司令長官の話を聞き、問題点の指摘をし、午後、キングはノックスとともに、ホワイトハウスに出向き、ルーズベルトと会った。

合衆国艦隊司令長官職務と海軍作戦部長職務は曖昧で、明確でなかった。問題発生を防ぐため、キングは海軍将官会議メンバーのセクストン（一八九七年級）と、リチャードソン（一九〇二年級）に頼んで、両職務の職務記述案の起草を頼んだ。セクストン・リチャードソン案は、一二月一七日、若干の修正を加えられ、翌一八日、次のような大統領命令八九八四号として公布された。

（1）合衆国艦隊司令長官は全米艦隊を指揮する。

（2）合衆国艦隊司令長官は、大統領に直属する。海軍長官からは全般的指示を受けるが、あくまで大統領の直接指揮下に属す。

(3) 海軍作戦部長は海軍長官に属し、長期的戦争計画に携わる。
(4) 合衆国艦隊司令部には、幕僚部門として、参謀長、情報部、作戦部、通信部、教育訓練部、副官部を持つ。
(5) 合衆国艦隊司令部の主要オフィスは海軍省内に置く。

この大統領命令でもまだ、不明な点があった。
①大統領を補佐する海軍参謀長の役目を果たすのは、キング合衆国艦隊司令長官かスターク海軍作戦部長か。
②英国との間の連合参謀長会議（CCS; Combined Chiefs of Staff）米海軍を代表するのはキングかスタークか。
③米軍の三軍による統合参謀長会議（JCS; Joint Chiefs of Staff）メンバーになるのはキングかスタークか、の問題も生じる可能性があった。
ルーズベルトがスタークを更迭し、キングに合衆国艦隊司令長官と海軍作戦部長を兼務させることにより、この問題の解決を図ったのは一九四二年三月。

キングは海軍省三階に合衆国艦隊司令部を創設し、ニミッツは惨状の真珠湾に赴任して、太平洋艦隊司令部の立て直しから始めた。

（8）通信情報部門の陣容が変わる

真珠湾奇襲後の一週間、ロシュフォートはハイポの地下室から離れなかった。ヒーイア、ルアルアレイの両傍受所から、傍受した生データがジープやトラックでハイポへ運ばれる。一二月二五日、ニミッツが飛行艇で真珠湾に到着した。

一二月三〇日、常設合衆国艦隊（司令部ワシントン）司令長官にキングが就任し、翌三一日に真珠湾に浮かぶ潜水艦グーリング艦上でニミッツは太平洋艦隊司令長官の就任式を行なった。

キンメルの参謀だった者たちは、ニミッツが新長官になったことにより、全員再配置されるだろうと思っていた。海上勤務を望むなら、誰でも本人の希望を聞く、とニミッツは言ったのでレイトンは、駆逐艦艦長になって海上へ出たい、と申し出た。

「君は駆逐艦艦長としてより、ここにいたほうが、日本軍を多く殺せるだろう」とニミッツは言って、手放さなかった。

どんな情報でもいいから、何時でも長官室へ来て伝えてくれ、とニミッツは言った。副官以外でこうした特権をあたえられたのはレイトンだけだった。

ワシントンに所在した暗号解読部ネガトのジョセフ・N・ウェンガー(左)、ロシュフォートと対立していたジョン・レッドマン（中央)、ジョセフ・レッドマン

就任後、ニミッツはブロック第一四軍区司令官の案内で、煙草の煙が充満しているハイポの地下室を訪れた。ロシュフォートの任務は日本海軍の今日の状況と明日の行動予測をニミッツに伝えることである。

年が明けて一九四二年一月二一日、ワシントンのネガトのサフォードから手紙を貰った。真珠湾奇襲を受けたのは、日本軍の極めて狡猾な欺瞞無電に騙されたのだ、という噂がワシントンに広がっている。ハイポは欺瞞に陥って、情報をミスリードしキンメルに報告していたのだ、という噂だ。この噂に関するハイポの公式見解をスターク作戦部長に報告して欲しい、というものである。

ロシュフォートは、サフォードに「日本側は欺瞞をやっていない。我々はキンメルに推測出来る範囲の正確な情報を提供した。分からないことは分からない」と伝えた。

サフォードは一月二三日、通信部長レイ・ノイスにネガトの再編成案を提出した。従来通りの敵情報の解析と暗号解読を担当する①OP-20-Gと、②米海軍の暗号をより安全にするためのOP-20-Qを創設し、自分は②に移りたい。一七年間やってきた無線傍受、傍受無線解析、暗号解読から離れ、暗号安全化の仕事をしたい、というもので、実質的な降職願だった。真珠湾奇襲への責任を取りたい、という気持ちだったのかもしれない。

通信部長のノイス、次長のジョセフ・レッドマンはこの案を認めなかった。

ここで、ジョセフ・N・ウェンガーという男が登場する。ウェンガーは一九二〇年代、ネガトでサフォードから暗号解読の基礎を学び、一九三〇年代にはネガトのリサーチ・デスクだった。その後、海上勤務に出て、一九四一年六月、海上勤務を離れ、戦争計画部の閑職にいた。サフォードの改編案を見て、自分の案を考えた。サフォード案を基に、OP-20-Gに通信情報全体の中央調整権限を持たせるべきと考えたのだ。

ネガトの中央集権的役割を目論むウェンガー案が実現すれば、まずニミッツに報告し、次いでネガトに報告するというサフォードから与えられたハイポの自由がなくなる。サフォードはウェンガー案に反対し、二月一〇日に別の案をノイス通信部長に提出。自分は今までの経歴を生かして、暗号安全化の仕事ではなく、今までやってきたネガトの仕事をやりたい、という案であった。ノイスはこれを認めなかった。

二月一二日、通信部次長ジョセフ・レッドマンはネガトの人事異動を発表し、その責任者に弟のジョン・レッドマン、次席にウェンガーを任命した。サフォードはOP－20－Qの責任者となった。ジョセフ・レッドマンは、弟のジョンやウェンガーと共に、ハイポからロシュフォート放逐を画策する敵役となる。

サフォードは海軍暗号のパイオニアであり、ネガト創設時には、リサーチ・デスクだった。ロシュフォートとは特別良好な関係にあり、仕事がしやすいように配慮してきた。ハイポがキンメルやニミッツに直接報告出来るように図ったのもサフォードだった。

二月一二日の人事異動によって、ロシュフォートの上役はジョン・レッドマンとウェンガーになった。ロシュフォートはこの二人をほとんど知らず、何を考え、何をしようとしているのか分からなかった。

ウェンガーは一九三〇年代、アジア艦隊の無線情報士官で、この時期、ロシュフォートは、最初に戦闘艦隊、後は太平洋艦隊のリーブスの下での情報参謀だった。

サフォードがアナポリス一九一六年組に対し、レッドマン弟（以下、兄が出る場合を除き、レッドマンとのみ書く）は三年後輩のアナポリス一九一九年組。アナポリス時代にはフットボールとレスリングに熱中し、卒業一年後のアントワープ・オリンピックではライト・ヘビー級レスリングで四位になった。ワシントンと海上で通信関係の仕事をして来、一九三三年〜一九三六年には駆逐艦艦隊のヘップバーン提督に仕えた。この時代、ロシュフォートは太平洋艦隊司令長官リーブスの通信参謀である。

真珠湾奇襲時、レッドマンは海軍作戦部の閑職にいた。一九四二年一月、ニューヨークで捕獲され、兵員輸送に携わっていた仏豪華客船ラファイエットの副長に任命されたのだが、直後にネガトの責任者になった。レッドマンは艦船間、艦船と陸上間の通信任務の経歴があり、コールサインや周波数を探す無線機のハードウェアを扱っていた。暗号解読の経歴はない。一九四〇年後半には無線傍受の仕事をし、一九四〇年一〇月二五日、「欺瞞の実践（The Practice of Deception, Are we ready?）」という七頁のメモを作戦部長スタークに提出し、「写」を通信部長、情報部長、海軍将官会議に送った。

独立した欺瞞通信部門をワシントンに設立し、欺瞞通信から我々を守るべきだと、レッドマンはこのメモに書いた。情報部は評価したが、海軍将官会議は評価しなかった。ノイス通信部長は次のような激しい意見をつけてスタークに送った。

①通信欺瞞は通信関係ではマイナーな部分である。②独立したものを作れば、今も存在する部門と業務の重複になり、効率性を損なう。③太平洋艦隊は、欺瞞通信問題を心配していない。

レッドマンはノイス部長の指摘にそれぞれ反論したメモをスタークに提出した。①欺瞞通信情報をマイナー部門というのは承服できない。欺瞞通信は攻撃的武器であってマイナーなものではない。②太平洋艦隊は、欺瞞通信問題を心配していない、というのは疑問だ。

欺瞞通信情報メモをスタークに提出して一年一ヵ月後、真珠湾奇襲があり、日米開戦になった。開戦一ヵ月後の一九四二年一月、レッドマンはスターク作戦部長に面会し、ここで、海軍将官会議メンバーから新しく作戦部次長となったホーン中将に会った。ホーンは海軍将官会議時代にレッドマン・メモを読んでいた。多くのメンバーと異なり、ホーンはこのメモに関心を持った。ホーン中将は、作戦部次長になってから、海軍作戦部籍の客船副長ポストで腐っていたレッドマンをワシントンに置いておきたいとヤコブス人事局長に伝えた。これが、レッドマンがネガト長になるきっかけとなった。

海軍作戦部次長はインガソル中将だったが、開戦とともに大西洋艦隊司令長官としてワシントンを離れ、その後任にホーン中将が指名されたのである。ホーンは合衆国艦隊司令長官のキングよりもアナポリスで一期上、航空艦隊司令官としても前任。中佐時代、駐日大使館付海軍武官（一九一四年一二月～一九一九年一月）の経歴がある。

通信部長ノイスは一年前のレッドマン・メモに反対したし、レッドマンを買っていなかったのだから、レッドマンがネガトの責任者になり、サフォードがOP－20－Q（暗号の安全化部署）に実質的に降職になったのは、ホーンの差し金に違いなかった。ミッドウェー海戦後、大きな功績があるにも拘らず、レッドマンらの意見に従って、ロシュフォート左遷の最終決定をしたのもホーン次長であった。

名実ともに、米海軍トップになるキングは、自分の時間の三分の二を米三軍間の統合参謀長会議と英軍との連合参謀長会議関連に費やし、残り三分の一を合衆国艦隊司令官任務に使った。海軍作戦部長としての時間はほとんどなかった。だから、実質的には、情報部、通信部を統括する海軍作戦部の職務はホーンが代行していたのだ。

レッドマンをネガトの責任者にする人事に、レッドマンを嫌っていたノイス通信部長は面白くなかったが、裏にホーン次長がいたのではどうしようもなかった。

ホーン次長は、レッドマンに「君の人事考課は自分が書く。ネガトにノイス部長がトラブルを与えるのなら自分に伝えよ」と言った。その後、レッドマンは何点かの提案をノイスに提出したが、ノイスが無視するのを見て、ホーン次長に訴えた。キングの陰に隠れてホーンの働きはあまり知られていないが、こと通信情報に関する限り、レッドマン兄弟の後楯となって彼等の専横を手助けしたことを忘れてはならない。ロシュフォートのミッドウェー海戦後の左遷もホーンという虎の威がレッドマン兄弟にあったから出来た。後述するが、ニミッツはロシュフォートの左遷に異議を呈した。だが、ホーンは、通信関係事項は人事も含め、自分の職務権限であると、突っぱねている。

二月二四日、ノイスは通信部長の職を解かれ、太平洋艦隊に転任となった。ノイスの後任には通信部次長だったレッドマン兄が収まった。もちろん、ホーン次長の差し金だが、キングは了承した。

もっとも、キングとホーンはしっくりとした間柄ではなく、戦争後半になって、海軍作戦部副部長（Deputy Chief of Naval Operations）のポストを創設し、合衆国艦隊参謀長のエドワーズをはめ込み、次長（Vice Chief of Naval Operations）のホーンを実質降格させている。

ハワイのハイポを統率する通信部長はレッドマン兄、ネガトの責任者はレッドマン弟、その弟の補佐はウェンガーとなった。いずれも、後にロシュフォートの敵役になった者たちである。

レッドマン弟は真珠湾奇襲一年前には海軍作戦部の閑職でおり、欺瞞通信情報の提言書をスタークに提出していたことは前述した。真珠湾奇襲後は、「それ見たことか」と、日本軍の無線欺瞞にしてやられたのだ、とワシントンに噂をまき散らした。

レッドマン弟を補佐するウェンガーは、通信情報関係はネガトに権限を集中すべきだと主張していた男だ。ハワイのハイポとワシントンのネガトがぶつかるのは目に見えていた。

(9) 無線傍受部門の人材増強

真珠湾奇襲の責任問題を審査するため、ロバーツ最高裁判事を長とする査問委員会が一二月一八日に設置され、一〇〇人以上の関係者が査問を受け、ロシュフォートは一九四二年一月二日に査問された。

奇襲を受けて三週間後の、この証言時点でも、ロシュフォートは日本機動部隊が六隻の空母が中核だったことをつかんでおらず、せいぜい三隻だと考えていた。米海軍では、空母は攻撃を受けた際の脆弱性から、複数で運用するのでなく、一隻単独で運用するものとされていたことは、前述した。攻撃した機動部隊が六隻の空母で編成されていたことなど想像も出来なかった。日本軍の空母部隊新編成により空母の運用戦術が一変したと言ってよかった。

査問委員会の査問によって、米海軍の当時の無線諜報の実態が明らかになった。暗号解読が出来ていなかったから、日本軍の状態は無線信号傍受解析に頼るしかなかった。無線信号傍受解析だけでは、無線封止されると判断がつかない。艦隊の配置形態をコールサイン変更なしにやられると、分からなくなる。

ハイポは、日本軍の東南アジア方面の動き判断は正しかったものの、中部太平洋やハワイ方面の判断は正しくなかった。欺瞞無線信号に関して、日本側になかったとロシュフォートは後にも言ったが、南雲部隊が択捉島単冠湾に集結前後、旧式艦「摂津」や陸上基地から盛んに偽発信が行なわれ、これがハイポやキャストの判断を狂わせ、大型空母が佐世保や呉にいるとの誤った判断に繋がった。

一九四二年一月、家族がカリフォルニアに疎開し、ロシュフォートはマノバ渓谷の自宅をたたみ、ハイポ近くの独身宿舎に移った。

真珠湾奇襲直後の一二月一〇日、ネガトのサフォードはハイポにJN－25－（b）

キンメルの後任となった太平洋艦隊司令長官チェスター・ニミッツ（左）と合衆国艦隊司令長官アーネスト・キング

の解読に挑戦するよう命じ、暗号解読班のダイヤー、ライト、ホルトヴックはこれの解読に四週間集中した。

開戦とともに、日本海軍は大量の通信を発信し、これを傍受した生データは急増した。

一九四二年一月初旬、ハイポに八人の予備士官（少佐一、中尉二、少尉五）、日常事務業務やパンチカード、IBM機操作などを担当する下士官兵二〇人も配属された。

日本軍の発信する、①コールサイン、②母港、③到着時刻、④艦隊ないし任務部隊との関連、⑤他艦船との交信、⑥港湾内での停泊時間、⑦出航時間、⑧行先、⑨任務、といった事柄が輸送船やタンカーを含め、暗号解読や傍受無線解析によって、発信時間、発信位置とともにパンチカードに打ち込まれる。傍受通信一つで少ない場合で七五枚から多い時には三二〇〇枚のパンチカードが使用された。これは、IBM機で整理、分類、分析され記憶される。

一九四一年一二月三〇日、合衆国艦隊司令長官に就任したキングは、太平洋艦隊司令長官ニミッツに、とりあえずの太平洋艦隊の任務として、①ハワイ・ミッドウェー間の交通線の確保、②ハワイ・豪州間の交通線の確保、を命じた。さらに、翌年一月二日には、②との関連で、サモア、フィージー方面の敵の動きをチェックすべし、と伝えてきた。白人国豪州が有色人種日本の手に落ちれば、比島、仏印、インドなどアジア有色人植民地への心理的影響が大きいのをキングは恐れていた。これはアジアに多くの植民地を持つチャーチルの懸念でもあった。

太平洋戦争が白人と黄色人という人種間戦争の要素が強かったことを忘れてはならない。日米開戦の原因の一つは、米国内における日本人移民への露骨な排斥にあったことはまぎれもない事実である。米国は東から（欧州から）の移民は積極的に受け入れたが、西から（アジアからの）移民は峻拒した。ダーウィンの「進化論」を根拠にした、有色人種は進化の遅れた人種との誤った妄想が、これに火をつけていた。一八九〇年に「海上権力史論」を出版して世界に大きな影響を与えたマハン海軍大佐は「米国は黒人問題を抱えている。この上、黄色人問題を抱え込むのはまっぴらだ」と黄禍論を唱え、「日本人移民がこれ以上増えると、ロッキー山脈より西は日本人のものになってしまう。そうなるくらいなら明日にでも日本と戦争だ」と考えた。戦後の太平洋戦争関連の研究書は意識的かどうか分からないが、日米戦争の人種間戦争という視点を外している。

ロシュフォートによれば、キンメルとニミッツは相当違うタイプのリーダーだった。キンメルが情報収集の自由を与えたのに対して、ニミッツは、①敵空母の位置、②マーシャル、カロリン方面の日本第四艦隊の兵力、またそこの潜水艦兵力、③マーシャル方面の航空兵力、④一月末までの敵兵力の増強状況、といった特定情報を要求する。

米海軍の士気向上のため、TF8（ハルゼー指揮、空母エンタープライズが中核）、TF17（フレッチャー指揮、空母ヨークタウンが中核）をサモア方面防衛のため海兵旅団輸送と、マーシャル、ギルバート奇襲攻撃に運用することとなった。この作戦は一月中旬から下旬にかけて計画され、そのための情報がハイポに求められた。

暗号解読班の努力により、JN-25（b）の解読がかなり進んだ。解読出来た部分は日本語班が翻訳する。解読出来なかった部分は無線傍受解析（コールサインや発信位置、発信分量、発信時間等を分析し推測を行なう）で埋め合わせ、これを総合判断する。

レイトンによれば、これら読めない空白部分を埋めて一つの全体図に構築する、ジグソーパズルのパーツを組み合わせて一つの絵を完成するような能力にロシュフォートは長けていた。

プロット班は、総合情報を基に太平洋の大地図の上に磁石の模型艦船を配置する。班長は潜水艦乗組員だったジャスパー・ホームズ。ホームズは思った。米潜水艦にこれら日本艦船の位置を知らせれば、これら艦船を狙う潜水艦活動が効率的になる。しかし、これにはマイナス面もあった。暗号が解読されていると、敵が察知するおそれがある。そんなリスクと比べ、潜在利益が大きいと考えたロシュフォートは米潜水艦に日本艦船の位置を知らせることとした。それを知った根拠は一切知らせず、日本艦船の動きに関するものは、一片の紙でもハイポ地下室から出さぬようにした。ホームズは潜水艦司令部に赴き、日本艦船所在の緯度、経度だけを持参して発信して貰った。

ハルゼーとフレッチャーの奇襲にハイポの情報は役立った。日本軍空母の位置予測や、攻撃地域の日本軍兵力配置予測をハルゼーとフレッチャーは事前に知ったからである。ハルゼーのエンタープライズにはハイポ出身のホロコム海兵大尉が乗って、日本機パイロットの無線交信を傍受したが、これも有益だった。作戦終了後、ハルゼーは三人程度の日本語士官を要求し、ハイポは日本語士官が抜かれるのは痛かったが二名を提供した。

フレッチャーの空母ヨークタウンにはバイアード、ハルゼーの空母エンタープライズにはスローニムを差し出し、その後、ラスウェルの長いパートナーだったフーリンワイダーを空母レキシントンに提供した。スローニムは一九三九年から二年間日本語研修生として日本に滞在し、フーリンワイダーは一九三二年から三年間、日本で日本語を学んでいる。

7　サンゴ海海戦までの情報戦

(1)　真珠湾の再奇襲をハイポが予測

一九四二年二月中旬、日本と日本委任統治領マーシャル諸島間の交信傍受解析から、解析班は何か通常でないものを感じた。新しい作戦が始まるらしい。解読出来たものは部分的で大部分は分からない。作戦があるとすれば、兵力、時期、目標は?　ミッドウェーや、真珠湾から南西九九四マイルのパルミラ、七二〇マイル南西のジョンストン、それにオアフ島の可能性もある。はっきりしているのはマーシャルに来ている水上機が参加することだ。一九四一年一二月一六日、翌年の一月四日、二月一九日に日本の潜水艦から発進した水上機無線を傍受。さらに、三月一日と二日にも無線傍受した。暗号解読に関しては、解読班のダイヤーとライトの努力で徐々に解読が進んでいた。

三月二日、ロシュフォートはキングとニミッツに、「マーシャルの日本航空部隊指揮官は、四発爆撃機をある基地から他の基地に移し、攻撃作戦が終了するまでそこにいろと命令を出した」との内容を報告した。さらに、ハイポは二通の傍受で、時期は三月四日、目標は真珠湾と推測。ニミッツは更なる情報を求めたが、それ以上は分からなかった。ロシュフォートはレイトンに言った。

「ハイポがつかんだのは、いつ、どこであって、何に対してかは分からない」

この作戦に瑞鶴、翔鶴が参加するのではないかとロシュフォートは疑った。両艦は盛んに交信しているが場所ははっきりしない。横須賀付近にいるらしいが、ここだとハワイに遠すぎる。日本軍はK作戦と言っている。第四艦隊がAAに対してAKの港の艦船を尋ねている。AAからの返信を翻訳すると、①航空施設補修は完了した、②三隻の戦艦がいる、というものだった。マニラのキャストはAAはウェーキ、AKは真珠湾、K作戦とは真珠湾作戦と推測した。

ハイポから報告を受けたニミッツは、これを信じて太平洋艦隊の位置と構成を変更させた。キングは疑った。瑞鶴、翔鶴の交信は欺瞞で、実際の攻撃地点の臭いを消すためのものではなかろうか。もっと慎重に目を光らせて、分析せよ、と伝える。

日本軍の航空部隊と潜水艦部隊は異常なほど協力している。

ハイポの傍受無線解析によれば、日本の第四艦隊に属する第二四航空隊は第六艦隊（潜水艦艦隊）に少なくとも四隻の潜水艦を要求している。真珠湾から三六〇マイルのフレンチフリゲート環礁に二隻の潜水艦がいるのを方位探知で発見した。比島のキャストはAH、AFH、AF地域が三月四日に攻撃されると、キング、ニミッツに報告。ハイポもキャストもAKが真珠湾では、と考えていたから、これらローマ字記号の地域はハワイ諸島なのでは。無線発信への方位探知でミッドウェーとフレンチフリゲートの東方に日本潜水艦はいた。

その後、瑞鶴、翔鶴の線は消え、千歳級の水上機母艦が攻撃にやって来るのではないか、とロシュフォートは考えるようになった。機動部隊は沈黙を守っている。水上機による攻撃が最もありそうだ。だとすれば、マーシャルからハワイにどのように水上機を運用するのか。ロシュフォートも海軍関係者もマーシャル・ハワイ間を航続出来る飛行艇を日本が開発していたのを知らなかった。フレンチフリゲートに潜水艦が現われているとの報告から、飛行艇はこの潜水艦から燃料補給が出来る。

三月四日、ハワイ・カウアイ島の陸軍傍受所レーダーが二〇四マイル先に二つの点

ハワイの真珠湾を偵察した二式飛行艇（H8K）の同型機。同活動をアメリカ軍は日本軍の真珠湾再奇襲とさらなる攻撃の前兆として警戒した

を見つけ、オアフ島フォート・シャフター陸軍航空隊基地に通報した。これは四発の川西H８K飛行艇だった。後に米側からエミリーとの俗称を得たこの飛行艇は三〇〇〇マイルの航続距離を持ち、マーシャルのウオッゼを三月三日に三三〇ポンド爆弾を積んで出発していた。フレンチフリゲートまで一九〇〇マイルをノンストップで航行し、付近に配置されていた潜水艦から三〇〇ガロンの燃料補給を受け、ここから三六〇マイル先の真珠湾に向かった。K作戦には、四隻の潜水艦が参加し、イ23号潜水艦はハワイ近辺の天候を報告していた。難度低位の米海軍天候暗号を日本の暗号解読者は解読していたものの、直前の三月一日に米側はこれを変更した。このためにイ26号潜水艦の天候報告に頼ったのであった。

三月三日から四日にかけての夜は満月だった。太平洋艦隊はカテリーナ飛行艇五機を哨戒発進させ、陸軍もP-40戦闘機四機をスクランブル発進させた。日本飛行艇が四日深夜二時過ぎオアフ島に近づいた時、豪雨になった。一万五〇〇〇フィートの上空から下は密雲で何も見えない。ホノルルにサイレンが鳴り響いた。二機は真珠湾から離れた山中と海中に爆弾を投下し、被害は与えなかったが、無事マーシャルに帰還。カテリーナ哨戒機は水上機母艦を発見出来なかったし、P－40戦闘機は何も発見出来なかった。K作戦の日時についての推測は当たっていたが、水上機母艦からの攻撃予測は当たっていなかった。ミッドウェー沖の潜水艦からの発信、日本の委任統治領マーシャル諸島の基地にいる飛行機からの無電で、真珠湾の再奇襲をハイポは予測した。

第一四軍区司令官ブロック少将は陸軍ハワイ基地司令官と共にハワイ防衛の責任を担っている。ロシュフォートはブロックに呼ばれて、なぜこの件を事前に伝えなかったのかと咎められた。ブロックの参謀には伝えていたのだが、この参謀がブロックに伝えていなかったのだ。その経緯は不明の謎である。

(2) 傍受無電解析からサンゴ海海戦を予測

三月六日、ハイポはキングとニミッツに次の内容の報告をした。

①日本軍はミッドウェー、フレンチフリゲート海域で新しい作戦を考えているのではないか。
②潜水艦艦隊旗艦は、横浜航空隊と交信している。
③無電にＡＦという記号が盛んに使用されている。
三月九日、マーシャル方面の日本軍航空基地司令部に東京から二日間の風力、風向を知らせる通信があった。マーシャルから攻撃範囲内の米軍基地への航空攻撃とロシュフォートは考えた。恐らく、真珠湾への攻撃ではあるまい。

三月一〇日、キングからニミッツに真珠湾への攻撃が計画されているかも知れない、との警告があった。この日、ハイポは両提督に次の報告をした。①パルミラ、ジョンストン、ミッドウェーが攻撃されるかも知れない。②期日は明日の夜、③飛行艇による攻撃と推測される。

三月一一日、ミッドウエーのレーダーに二つの点が現われ、一つは間もなく消えたが一つは消えなかった。海兵隊のバッファロー戦闘機四機が発進した。レーダーに現われた点は七日前に真珠湾を襲った川西Ｈ８Ｋ飛行艇（米軍俗名エミリー）で、一機はミッドウエー、一機はジョンストンの航空撮影に来たのだ。バッファロー戦闘機は七・七ミリ機関銃でエミリーを撃墜。撃墜した三機のパイロットには航空顕著勲章、隊長の海兵大尉には海軍十字勲章が授与された。ジョンストン島の航空写真を撮ったもう一機の飛行艇は無事マーシャルのウオッジェに帰還。

傍受無電解析により、ミッドウェー、ジョンストンが日本軍の作戦目標だと考えたロシュフォートのタイムリーな警報によって、ミッドウェーでは警戒態勢をとり、戦闘機を待機させていたため、侵入機を撃墜出来た。短期間で日本軍のK作戦を解読し、ミッドウェー、ジョンストン方面への日本軍航空作戦を予知したのは意義があった。

第一四軍区司令官ブロックは、ロシュフォートへの航空顕著勲章を申請したが、授賞できなかった。当時のニミッツの作戦参謀マーフィー大佐（キンメル長官当時、戦争計画参謀補佐）は、自分の職域にハイポが侵入している、と憤慨し、ロシュフォートとの関係は良くなかった。ロシュフォートが勲章を貰えなかったのはマーフィー大佐の反対があったからだ、と推測する者もいた。

三月一一日、キングとニミッツに、日本軍暗号のＡＦはミッドウェー、ＡＨはハワイ諸島、と考えられ、ＡＩは恐らくオアフ島、ＡＧはジョンストン島ではないか、と報告。

開戦後、四ヵ月が経過した。日本海軍の交信を大量に扱うことにより、ＪＮ－25(b)解読は加速した。その中心は解読班のダイヤー、ライト、ホルトヴィックの三人でキャストの援助もあった。

マニラ湾入口にあるコレヒドール島所在のキャストは連日爆撃を受け、消滅は時間の問題となった。一九四二年、キャスト・メンバー七四人の救出計画が立てられ、二月一五日に一七人、三月一六日に三六人、四月八日に二一人が潜水艦で脱出した。比島の陥落は五月八日。極秘の機械、例えば紫暗号機は破壊され、暗号書など機密文書は焼却された。

ワシントンのネガトの暗号解読班OP－20－GYは日本海軍交信の解読をやめ、ハイポとキャストが協働することになっていた。解読を進めたとはいえ、一九四二年四月時点で一〇%から一五%解読出来ていたに過ぎなかった。解読出来ない空白部分は、分析と推理で推測した。

ニューギニアのラエとサラマウアへ向かう日本輸送船一八隻のうち、四隻を沈め、一三隻に損害を与えたTF11（ウイルソン・ブラウン中将指揮、レキシントンが中核）の戦果は、日本海軍指揮官間の交信の部分部分を解読していなければ出来なかった戦果であった。

ハイポの日本語士官の中心はラスウェル、スローニム、バイアード、フーリンワイダーの四人だったが、ラスウェルを除き、艦隊勤務となった。艦隊でも日本語士官を必要としていたのだ。新しく入ってきた日本語士官のレーニング大尉（日本語研修生、一九三八年から一九四一年）、ベネディクト大尉（日本語研修生、一九三八年から一九四一年）、フィンネガン少佐（日本語研修生、一九三四年から一九三七年）の三人は日本語研修生として日本滞在経験があった。

艦船の位置を大地図にプロット（配置ないし記入）するホームズの補佐として入ったのは予備士官シャワーズ少尉だった。シャワーズは、三一年間情報勤務を続け、一九六五年少将に進んだ。ロシュフォートのメンバーで将官になったのはシャワーズ一人だ。なお、レイトンも後、駆逐艦艦長の経歴すらなくて、少将に進級している。日本語研修生の大先輩ザカリアスも少将に昇進した。

ハイポは戦争前の一九四一年六月、士官一〇人、下士官・兵二三人であったが、この時点で士官四〇人、下士官兵六〇人以上となった。ハイポの地下室では軍服着用は強制されず、イエス・サーとかノー・サーなどの言葉は使わず軍隊らしい堅苦しさはなかった。

ロシュフォートはトレードマークとなった、スリッパと海老茶色の喫煙ジャケット姿。絶えず紙巻煙草やパイプを口にくわえている。一九四二年初めから所長のロシュフォートと所長補佐のダイヤーの二人は二四時間勤務、二四時間オフの勤務体制を取った。ハイポのメンバーも交代制を取って、朝一〇時から翌朝二時までの勤務であった。シャワーズ少尉の勤務は一二時間勤務の後、一二時間オフ。七日間勤務して二四時間のオフ、だった。

コラム④　煙草とコーヒー、映画「地上より永遠に」

■煙草とコーヒー

神経を酷使する長時間勤務には煙草とコーヒーが不可欠のようだ。

直木賞作家の浅田次郎は、常に連載一〇本を抱え、書き下ろし小説は、急を要するものだけで数本持っていた。〆切り間近となれば、三度の食事も片手で食べられる握り飯か餅。冬はホットカーペットの上で、毛布にくるまり座椅子で寝起きする。昼夜を分かたず、力尽きれば座椅子のリクライニングを倒して眠り、三〇分ないし二時間後に再びむっくり起きて仕事を始める。浅田は言う。物語を考え、それを文章で表現する自分の仕事は、作業そのものはおそろしく単純だが、その分メンタルである。思考レベルをある一定水準に保っていなければ面白いストーリーは展開せず、いい文章も思いつかない。そのためにはカフェインで気分を高揚させ、煙草で鎮静させる。物語が沈滞し、文章がなおざりになってくると、自然にコーヒーを飲んでおり、その逆にハイテンションで筆が滑ってくると、決まって煙草を喫み始める。執筆中は巻煙草を喫い、一段落つけて「さて一服」の時にはパイプに火をつける。わずか七〇〇字を書く間に一杯のコーヒーを飲み、巻煙草を五本喫う。（浅田次郎『君は嘘つきだから小説家にでもなればいい』文藝春秋、二〇一一年。浅田次郎『アイアムファイン』小学館、二〇一〇年）

■映画「地上より永遠に」

バート・ランカスター、デボラ・カー主演の「地上より永遠に（From Here to Eternity）」や、ハーマン・ウォーク原作の「戦争の記憶（War and Remembrance）」は真珠湾奇襲直前のハワイを描いたものだ。DVDで「地上より永遠に」を何度も筆者は見た。日本陸軍内務班の新兵いじめのような陰惨なことが、米陸軍でもあったのか、というのが筆者の感想だった。フランク・シナトラ演ずるイタリア系への陸軍内差別もひどかったことが分かる。この映画には、ハワイの人口で一番多い日系人が一人も出てこないし、原住民のハワイ人や黒人も出ない。白人男女だけなので違和感を感じた。ハワイでは、人口比率から言うと、日系人が一番多く、いろいろの迫害を受けた。ハワイ駐在のショート陸軍中将の恐れは日系人のサボタージュや航空機破滅行動だった。

看護婦はいたが、女性兵士はスクリーンに出てこない。ニミッツは、看護婦の制服を除いて制服の女を嫌った、と言われる。真珠湾に女性兵は配置されなかった。米本土では、不足を補うため、事務補助が中心だが、女性兵士も入隊させたし、黒人兵士も主として守衛兵として入隊させていた。

(3) ハイポ・ベルコンネン・ネガト

ハイポ・メンバーの楽しみは前線から帰った艦隊に行って、友人から生の戦況を聴くことだった。太平洋艦隊司令部は旧潜水艦司令部建物の中にあって、この建物内には娯楽施設もあった。レコードを聴いたり、スロットマシンで遊ぶことが出来た。飲酒も出来る。ロシュフォートが娯楽施設を利用して気分転換をやっているのを見た人はいなかった。一九二七年以来、胃病を病み、酒は慎んでいた。たまのリラックスは、レイトンと士官クラブで酒を飲むことくらいだ。バーボンの水割りなどを飲んだ。

地下室に入ると仕事に没頭した。ミーティングやスピーチもしない。騒ぐことも嫌った。所員を鞭で叩いて仕事をさせるようなこともない。地下室を離れることはほとんど無い。あったとしても、二時間くらいだ。静かに話し、大声を出さない。基本的に無口だった。ホームズによると、長身細身のロシュフォートは、いつもの皮肉や毒舌を中和させるように、常に微笑を湛えていた。

艦船の位置を地図上にプロットするホームズはある時、第一四軍区作戦参謀の某大佐に、プロットへの疑問を示され、呼ばれた。地図を持って説明に行こうとすると、ロシュフォートは「自分が行く」と軍服に着替えて出て行った。そして一〇分後に帰った。某大佐はロシュフォートに日頃から敵意を持っており、部下の新任士官がホームズからのデータの経度と緯度を間違って説明していたのだ。ホームズはロシュフォートの取った行動に感激した。

戦争勃発後四ヵ月を経過し、ネガトとキャストから多くの資料を得て、ハイポは日本海軍暗号解読の中心となった。キャストの責任者だったフェビアン大尉はコレヒドール島からメルボルンに逃れ、キャスト・メンバーを中心とする暗号解読機関ベルコンネンを作った。

シンガポールの英軍情報機関はセイロンのコロンボに移った。

ベルコンネンはニュージーランドのオークランドに司令部を置く南太平洋艦隊に属

し、毎日ハイポとネガトに情報要約を送ることとなった。

南太平洋艦隊司令官ゴームリー中将は、戦前その有能さを買われ、多くの枢要な司令部勤務や参謀勤務を続けてきたものの、剣電弾雨の中に立ち、部下を叱咤激励、鼓舞する野戦攻城型指揮官ではなかった。上官に仕えている時は明晰な頭脳で活躍出来るのだが、自分が最終的決断をせねばならぬ立場に立つと頭がいいだけに、戦況が不明になると、不安や心配事が胸中に暗雲のように渦巻いてくる。精神的にダウンし、積極的作戦指導が出来なくなった。後にニミッツはゴームリーを更迭し後任にハルゼーを充てた。

一九四二年一月、ネガトのサフォードは、ロシュフォートに、ワシントンでは噂を流してハイポを攻撃しているグループがあると警告してきた。日本軍の欺瞞無線に騙されて、真珠湾奇襲で大損害を受けたのだ、という噂であった。これは前述した。

一九四二年四月、関係者だけに限って「通信におけるブラック・マジック」と題する二八頁の小冊子が配られた。海軍作戦部次長ホーンの名前で印刷されていたが、サフォードによれば、自分の後任であるネガト責任者ジョン・レッドマン中佐が書いたものだった。

ロシュフォートは日本軍だけでなく、ワシントンの敵にも対処せねばならなかった。

ワシントンの噂や中傷は後にロシュフォートの左遷へと繫がっていく。敵将山本五十六に対する以上にワシントンにいるキングに気を使ったニミッツと似ている点があった。

当時、キングの最大関心は、ハワイ・ミッドウェー間とハワイ・豪州間の交通線確保であった。また、ハワイや西海岸、カナダが攻撃される可能性も考えた。ハワイ防衛を担当するショート陸軍中将の後任デロス・エモノス中将もハワイが攻撃されるのを恐れていた。中将は一九四二年二月一九日、ワシントンに「日本軍はオアフを攻撃し、真珠湾を占領するだろう」と警告した。

太平洋艦隊の戦争計画参謀はマクモリス大佐からマコーミック大佐に替わった。大佐は潜水艦が日本海にいる、とのハイポ情報を聞き、日本がシベリア攻撃を考えているのでは、と思った。南雲艦隊は、セイロンのコロンボを空爆し、英国空母や巡洋艦を沈めた。日本の目標はインド洋だろうか。

8　サンゴ海海戦と情報戦

(1)　レイトン参謀とそのグループ

毎朝八時三〇分に情報ブリーフィングを行なっているレイトンにニミッツは言った。「君に日本海軍の南雲になってもらいたい。南雲ならどう考え、どのような直感を持つか、君に教えてもらいたい。日本軍の立場で戦争と作戦を見つめ、南雲の目的を考えて、彼等つまり君が何を考えているか、何をしようとしているか、どんな目的どんな動機で、いかなる作戦を行なうか、を私にアドバイスするのだ。これが出来れば戦争に勝つために必要な情報を私は持つことになる」。

ニミッツは日本軍の行動予測について常にレイトンに尋ねた。レイトンは駐日海軍武官補佐官時代、海軍次官だった山本五十六とトランプのブリッジをやったことがあり、山本の参謀を個人的に知っていた。戦略的決定を下す際には、正確な情報が不可欠だとニミッツは認識していた、とレイトンは後に言っている。太平洋艦隊司令部の情報部門にはレイトン主任参謀の下にロバート・E・ハドソン大尉参謀、参謀補佐のアーサー・L・ベネディクト大尉、ジョン・G・ネーニク大尉がいた。参謀補佐は入れ替わりがあったが、ハドソン大尉は戦時中一貫してレイトンを支えた。ネディクトとネーニクは一九四二年八月にハイポに移った。この四人はいずれも日本語留学生であった。その他に防諜担当のコールマン大尉がいた。

レイトンの主要情報源はハイポだった。ハイポは撃墜した日本爆撃機から回収したコールサイン（呼出符号）の綴りを利用して、暗号解読作業を進めていた。

日本の無電傍受班が米国暗号をどの程度知っているかニミッツは、気にしていた。質問は鋭く、無線交信や解読集団についてもレイトンと長い議論を交わすことがしばしばだった。「誰が、どんな目的で、何処で、いつ、どのような兵力で」を、はっきりさせよ、と命じた。

ベルコンネンとハイポは日本軍南洋方面航空司令官が配下の戦闘機部隊に「RZP作戦を支援せよ」と打電したのを解読した。RZPなど聞いたことがなかった。四月八日には空母加賀がRZPに向かったのを傍受解読した。キング、ニミッツ、ネガトへの報告で、ロシュフォートはＲＺＰがポートモレスビーだろう、と伝える。

日本軍暗号を解読出来るのはほんの一部分で、残りは解読出来ない空白部分である。そこから一つの全体像を描くのにロシュフォートは異常な才能を発揮した。日本語に習熟し、日本語の性質を知っているのも大きな強みであった。

何週間も以前から日本海軍暗号のＡは、中部太平洋、南太平洋の米国領であると考えていた。三月一一日の時点でＡＦ、ＡＧ、ＡＨ、ＡＫはそれぞれ、ミッドウェー、ジョンストン、オアフ、真珠湾と推測していた。キャスト要員のコレヒドール島からの最終脱出は四月八日だったが、三月二三日の最終報告で七〇の地域の推測を伝えていた。例えば、Ｒ、ＲＲ、ＲＸＳ、ＲＺＭ、はそれぞれ、豪州のパプア・ソロモン諸島、ラバウル、南西太平洋のヌーメア、ニューギニアのラエである。ＲＺＰをキャストは分からないとしたのに、ロシュフォートはポートモレスビーと推測し、空母加賀がニューブリテン方面に向かっていることから、日本は南太平洋攻撃を計画しているのではないかと考えた。無線傍受解析により、日本海軍基地カロリン諸島のトラックからラバウルに兵力が移動している。どこかで作戦が開始される兆候を総合的に判断すると、ロシュフォートはポートモレスビーが目標と結論した。ただ、キング、ニミッツとその幕僚は、ポートモレスビーより遠いソロモンないしエリス、あるいはギルバートではないかと考えた。

四月八日以降、RZPが現われた。

レイトンはニミッツに、「日本海軍としては、ソロモン、エリス、ギルバートは第二義的地域で、ポートモレスビーないしガダルカナル近くの小さな島ツラギが目標と思われる」、と報告した。ニミッツから「君は南雲になって、南雲ならどうするか、を考え、私に教えて欲しい」とレイトンは言われている。

ハイポでは、解読出来ない空白が徐々に埋まっていった。日本軍兵力がラバウルに集中している。加賀が間もなくラバウルに現われるだろう。軽空母祥鳳も横須賀からラバウルに向かおうとしている。ロシュフォートは瑞鶴、翔鶴の動きを探ることに集中した。今までは日本本土の呉周辺で無電交信していたが、どうもラバウルに向かっているらしい。今では日本委任統治領であるカロリン諸島の日本軍中枢基地トラックやニューギニア東方のニューブリテン島所在の日本軍基地ラバウルと交信しているようだ。これらの動きは将来作戦のためと思われる。日本空母はインド洋、東南アジア作戦を終え、ラバウルから、RZP作戦に向かうのではないか。

新任戦争計画参謀補佐スチール大佐は四隻の空母による作戦と考えた。ニミッツは次の事項をキングに報告し、了承を求めた。

①日本軍の目標はポートモレスビーと思われる。②時期は四月末。③少なくとも四隻の空母を使用。④この日本軍作戦に対処し、敵をサンゴ海に入れないため、TF11（フィッチ少将指揮。空母レキシントンが中核）とTF17（フレッチャー少将指揮。空母ヨークタウンが中核）の二個TF（フレッチャーが先任として、全体の指揮）を投入したい。

キングは了承した。

傍受無線解析と、一部解読からの判断では完璧でないのは、もちろんだ。ロシュフォートの推測とは異なり、日本側空母は瑞鶴、翔鶴、祥鳳の三隻であった。

日本軍の目標がポートモレスビーのみか、レイトン情報参謀予測のダブル攻撃なのかは分らない。オアフ島ワヒアワ傍受所は大量の無電傍受で過労気味だった。全て傍受出来たわけでもない。マンパワーと技術面で傍受無線量に限界があった。過去五ヵ月でマンパワーは二倍になったが、それでも日本海軍の全通信量を傍受するには、人と機械が不足していた。

JN-25（b）への挑戦は続けられていたものの、分からないコード・グループは何万とあった。解読不能の空白部分を埋めるのは傍受無線解析だが、この解析も推測以上のものではない。前日二四時間の傍受情報要約をホームズを通してレイトン参謀に届ける。重要なものは無線でネガトへ送る。専用の防諜直通電話でレイトンに説明する。毎朝八時三〇分にニミッツはレイトン参謀から太平洋艦隊に必要な情報説明を受ける。

レイトンはハイポからの情報要約を基に、艦隊情報連絡をTF（Task Force; 任務部隊）司令官に伝える。防諜を徹底するため、情報源は一切加えない。レイトンは、太平洋艦隊司令部の作戦参謀をはじめ他部門に情報源を洩らさない。

第一四軍区司令官ブロック少将は停年により、デービッド・W・バグレー少将に替わった。太平洋艦隊司令部会同で、TF16（ハルゼー指揮）。空母エンタープライズとホーネットが中核。ドーリットル陸軍中佐がB-25爆撃機一六機を指揮）の東京奇襲が間もなく実行されると聞き、バグレーはロシュフォートに伝えた。

B-25中型爆撃機を使って、空母から発進させるというアイデアはキングの航空参謀ダンカン大佐発案によるもので、ダンカンが訓練や運用を計画した。

傍受無線解析班のハッキンスは四月一八日の傍受員を二倍にした。空母エンタープライズには日本語士官のスローニム大尉が乗艦している。

コラム⑤　吉村昭とドーリットル

ドーリットルの東京奇襲日四月一八日は土曜だった。中学三年の吉村昭（後の小説家）は家に早く帰った。物干し台に上って武者絵の六角凧を揚げていた。爆音がして、迷彩をほどこした双発機が近づいてきた。驚くほどの超低空だった。見たこともない両端垂直尾翼の飛行機で胴体に星のマークがあった。凧の上方をかすめた機の風防の中にはオレンジ色のマフラーを首に巻いた二人の飛行士をはっきりと見た。吉村は星のマークから青天白日旗（中華民国国旗）を連想し、大陸で捕獲した中国機を戦意昂揚のデモンストレーションで飛ばせているのだと思った。戦後、ある戦史研究家の分析推測により、吉村自宅上空コースを飛んだ双発機はドーリットル中佐の隊長機で、操縦席の手前に見たのは、副操縦士のRichard E. Cole、向う側にいたのが指揮官兼操縦士のJames H. Doolittleだと教えられた。

（吉村昭『縁起のいい客』文藝春秋、二〇〇三年）

(2) サンゴ海海戦始まる

ドーリットル奇襲のため、日本の南洋艦隊の第四艦隊は北上し、南雲機動部隊は日本近海でハルゼーを追った。これを傍受したロシュフォートはRZP作戦は延期されるだろうと考えたが、傍受無線解析では、RZP作戦は迅速に準備されている。

山本連合艦隊司令長官は、小学生の慰問文にも親しく返書を認《したた》めるほど繊細な感情の持ち主だった。外地にいても関東地方の気象電報だけは常に厳しく報告させていたほど、首都東京の防空に心を砕いている。ドーリットル奇襲が山本に与えた影響は大きかった。東京防空哨戒線の広域化推進のため、あるいは米空母群との決戦を誘うためのミッドウェー作戦が山本とその参謀によって作成される端緒となったのがドーリットル奇襲だった。

四月二一日、ワヒアワ傍受所は第五航空戦隊の瑞鶴、翔鶴関連の無電を傍受した。一〇%から一五%の解読率で読んだこの無線によれば、第五航空戦隊は機動部隊から離れ、トラックに向かい第四艦隊の祥鳳と合流せよ、というものだった。

四月二二日、傍受無線解析により、トラック、ラバウル方面に兵力が集中されているのが分かった。傍受無線解析では、加賀と特設航空母艦春日丸が第四艦隊にいると誤判断していた。そうすれば、日本軍の航空母艦は五隻で、フレッチャーの二隻との戦力差は大きい。

フレッチャー指揮の二個TFは日本軍と比べ、戦力が少なすぎる。ニミッツに、「ハルゼー率いるTF（空母エンタープライズとホーネットが中核）は東京奇襲を終え、真珠湾に向け帰港中だ。これを真珠湾に帰港させず、サンゴ海に向かわせるべきだ」と進言すべきではないか、とハイポのホームズは考えた。ロシュフォートはホームズの意見を取り上げなかった。情報部門の任務は情報を蒐集、比較、整理して指揮官に伝えることだ。作戦決定に立ち入ることは情報部門としてやるべきではない。作戦には、タンカー配置や給油、それから食料その他の後方問題の検討が必要で、それは情報部門の埒外である。

四月二二日時点で、第四艦隊（井上成美中将）の空母は五隻ではなく、三隻なのをハイポは知らなかった。サンゴ海に向かうＴＦ17とＴＦ11に、ニミッツは日本軍の目標はポートモレスビーだ、と伝える。日本軍の主目標がポートモレスビーと判断はしたが、ソロモン、ニューカレドニア、フィージーも含まれているかどうかは判断出来なかった。

日本語班のフィンネガンは四月二四日、日本軍が新しい編成をしたのに気付く。第四艦隊司令官井上成美はＭＯ部隊に、新しいコールサインで交信している。この部隊は少なくとも次の七つに分割された部隊であった。ＭＯ艦隊、二個ＭＯ占領部隊、ＭＯ攻撃部隊、ＲＺＰ占領部隊、ＲＸＢ占領部隊、ＲＹ占領部隊。

四月八日時点でＲＺＰはポートモレスビー、ＲＸＢはツラギと判断していた。

ロシュフォート、レイトン、ニミッツは最初の時点で日本軍の目標は二つと考えており、これが正しかったのが、新しいコールサインで分かった。ＲＹは分からなかったが、ギルバート諸島の一つと推測した。ＭＯが何を示すかは大きな問題だが、分からなかった。

日本語班の中心ラスウェルとフィンネガンは対照的士官だった。ラスウェルは抜群の暗号解読能力があり、チェスをやる時のように相手の動きを理論的に考え、机の上は整頓されている。フィンネガンはひらめきを大事にするタイプで、自由奔放な発想をする。机の上はパンチカード、新聞、生データ、煙草の空箱、コーヒーカップ、リンゴの食べ残しが散らかっている。

二人の共同作業は、異なる個性からの情報分析だった。フィンネガンは直感でＭＯはポートモレスビーだと判断した。二人は考えた。ニューギニア東方ルイジアナ諸島はサンゴ海への入り口だ。ここから水上機を飛ばせば、米艦隊の動きも哨戒出来る絶好の位置にある。日本海軍の交信にデボイネ、ミシマという地名が出た。これは、ルイジアナ諸島の一つだ。ここからジョマード海峡を経てポートモレスビーへ行ける。

二人の推測にロシュフォートも同意し、ニミッツもそう考えた。

四月二九日、山本から井上の第五航空戦隊（瑞鶴、翔鶴）と第一一航空隊に宛てた作戦命令を解読した。

MOの目的がまず第一で、敵艦隊の動きを牽制し、豪州北部を攻撃する、これが完了するまで作戦を続行せよ、という内容であった。MOはポートモレスビー作戦のコードネーム、RZPはポートモレスビーの地理的意味とロシュフォートは考えた。三個の輸送船団がトラックとラバウルに集結してここから目的地に向かっている。最大の輸送船団は祥鳳が守るMO侵攻兵力で、デボイネとサマライ占領軍だ。

もうひとつの輸送船団はRXB（ツラギ）占領部隊だろう。

攻撃任務部隊である第五航空戦隊（瑞鶴、翔鶴）は重巡洋艦二隻、駆逐艦六隻を従えている。

四月二七日、コールサインは変えたが、JN-25（b）はそのままだったので、ハイポはリアルタイムで日本軍の交信解読を続けることが出来た。

四月三〇日、ハイポはキング、ニミッツ、ベルコンネンに通報した。ラバウルの輸送船団はXデーマイナス七日にラバウルを出港し、サイパンの輸送船団はXデーマイナス五日に出港してデボイネ諸島に向かう。ポートモレスビー侵攻はXデー、すなわち五月一〇日である。先にツラギを占領した部隊は五月一五日にナウルとオーシャンを占領する。

この日本軍に対抗するのはＴＦ17、ＴＦ11と、英海軍クレース少将指揮の豪米連合の巡洋艦艦隊。

一九四二年四月二五日から二七日、サンフランシスコでキング・ニミッツ会談があった。

キングは、対日戦の将来推移をボクシングにたとえて、①防御一方の段階、②互いの打ち合いの段階、③専ら攻撃の段階、として新聞記者に説明したことがある。米国は大西洋と太平洋で戦っている。その戦略はスタークが作戦部長時代に考え、ルーズベルトの了承を得た、いわゆるドッグ・プランだった。これはドイツ第一の戦略で、ドイツさえ破れば、日本は時期を待たず崩壊する、というものだ。キングの試算によれば、米国の国力・兵力の八五％が大西洋方面に割かれ、太平洋方面には一五％しか割かれていない。白人国豪州やニュージーランドが日本の手に陥れば、アジアの英米植民地の有色人に与える影響は大きい。

また、太平洋の島々が日本軍によって要塞化されれば、これの奪回には多くの米国人青年の血を流すことになる。このため、米国国力・兵力の太平洋方面への投入は二倍の三〇%にすべき、と米陸・空軍トップとの統合参謀長会議や英国軍トップとの連合参謀長会議でキングは孤軍奮闘した。米陸軍マーシャル参謀総長、アーノルド陸軍航空隊司令官の関心は欧州だ。英国は瀬戸際に追い込まれ、英軍トップやチャーチルは米国頼みで一致しており、米国の眼が太平洋方面に向くのを阻止しようと懸命だ。キングの考えがチャーチルとぶつかるのは目に見えていた。英側の考えに反対して太平洋重視を毎回唱えるキングをチャーチルは「あのトラブルメーカーが」と怒った。

また、キングは中国大陸の蔣介石軍に援助を怠るな、武器を供与せよ、と主張した。蔣介石軍が大陸に一〇〇万を超す日本軍兵力を釘付けにしている限り、日本陸軍の大兵力が比島をはじめ太平洋の島々に配置されることはない。太平洋の島々が要塞化され、ここに大軍が配置されれば、対日戦争は困難になる、これはキングの悪夢だった。

ボクシングにたとえた上記①の段階で、キングの最大関心はハワイ・豪州間の交通線確保と豪州防衛だった。当時、この方面が米国の関心だったから、ワシントンのネガト、ハワイのハイポ、メルボルンのベルコンネンは中部太平洋、北太平洋の島々に関心が向いておらず、ハワイ・豪州間方面に専ら関心を注いでいた。

日本軍がインド洋に進出した直後、キングは直接ロシュフォートに日本軍の現状と将来意図を尋ねた。もっとも、キングが太平洋艦隊司令部をバイパスしてのそのよう

サンゴ海海戦で日本軍の猛攻を受けて炎上、沈没直前の空母レキシントン。アメリカ軍は同艦が撃沈、空母ヨークタウンが中破した

な行動は考えられないという人（例えばレイトン）もいるが。

ロシュフォートがハイポの幹部、暗号解読班のダイヤー、ライト、日本語班のラスウェル、フィンネンガン、傍受無線解析班のハッキンス、ホルトヴィッツと協議して「太平洋における見通しと評価」と題する四頁のレポートを海軍作戦部へ、その「写」をニミッツとベルコンネンへ送った。

内容は次のようなものだった。

①日本軍のインド洋での主要作戦は終了した。

②日本軍は豪州侵攻を計画していない。ジャバ、チモール、バリから南への大規模作戦を示すものは何もない。攻撃が始まる兆候はない。

③日本の第四艦隊（司令長官井上成美）は第五航空戦隊（瑞鶴、翔鶴）と軽空母祥鳳に二個巡洋艦戦隊と、いくらかの駆逐艦戦隊を保有している。

これらの艦隊はポートモレスビーへの入口であるニューギニア南東とルイジアナ

諸島に向かっている。この作戦のコード名はMOだ。

④インド洋に進出していた第一航空艦隊（赤城、加賀、飛龍、蒼龍）は本国に帰り、今では、攻撃にも本土防衛にも準備は完了している。

ロシュフォート・メモが報告された五月一日、ニミッツは防衛状況把握のため、一二〇〇マイル離れたミッドウェーに飛んだ。五月二日には一日かけて要塞化の進行状況を視察した。

五月一日時点では、ネガトもハイポもベルコンネンも、ミッドウェー侵攻の兆候を示す情報を得ていなかった。ニミッツのミッドウェー行きは、キングの懸念に対する配慮からだった。太平洋艦隊兵力の大部分が南西太平洋にシフトしている。これは、キングがハワイ・豪州間の交通線確保を第一にしていたから当然なのだが、それでもキングの頭の中には中部太平洋への気懸りがあった。そもそも、永年に亘って練り上げて来た対日戦争計画オレンジ・プランは中部太平洋を西進して、小笠原沖ないし琉球沖で日本海軍に決戦を挑むものだ。戦況が防衛一方から対等の打ち合いへ、更に攻撃の段階となれば、マーシャル、カロリン侵攻が必須となる。このためにも、キングは中部太平洋から目を離すことは出来なかった。

五月三日、ニミッツが真珠湾に帰った日に、日本の第四艦隊はガダルカナル沖の要衝の小島ツラギを占領した。

JN‐25（b）の五万に及ぶコード・グループの一部しか解読出来ていない。解読出来ない空白部分は推測しなければならぬ。ニミッツは五月三日から五日にかけて次の二通の電報をフレッチャーに送った。

①敵空母が間もなく、豪州北部と南太平洋の島を攻撃すると思われる。

②敵第五航空戦隊（翔鶴と瑞鶴）はポートモレスビーの南東に向かっており、五月七日から八日にかけて空襲を行ない、その二〜三日後に上陸を試みると考える。

(3) サンゴ海海戦の結果

サンゴ海海戦は、互いに相手が見えぬ所で戦った最初の海戦であった。兵力はほぼ同じだ。日本は軽空母祥鳳を失い、翔鶴が中破。米側はレキシントンを失い、ヨークタウンが中破した。祥鳳は潜水艦母艦剣埼を改装したもので、かつてレイトンは東京での海軍武官補佐官時代、山本次官に尋ねたことがあった。タンカーと発表されていた剣埼の工事期間が長すぎる。山本は適当に答えをはぐらかした。空母への改装を前提に剣埼は建造されていたのである。かつてレキシントン艦長だったこともあるキングは、この巨大艦が沈んだことにショックを受けた。

サンゴ海海戦は、戦術的には日本側の勝利だったが、所期の目的であるポートモレスビー占領は諦めざるを得なかったから、米側の戦略的勝利とも言えた。サンゴ海海戦で快進撃を続けていた日本軍の進撃が止まった。サンゴ海海戦を指揮したフレッチャーの攻撃精神に疑問をもったが、ニミッツからのフレッチャーの中将昇進申請を、キングは了承した。

アメリカ軍艦載機の攻撃を回避する空母翔鶴。空母部隊に損害を受けた日本側はポートモレスビー攻略を諦めることになった

ニミッツは、サンゴ海海戦に至る無電情報活動に関して、ハイポを称賛した。

ハイポは、①トラックとラバウルの第四艦隊の地上航空兵力と空母兵力が間断なく増強されているのを知り、②RZP作戦の目標がポートモレスビーであると考え、③五月の初め、第四艦隊は、ソロモン→ニューギニアの東南端→サンゴ海→ポートモレスビーへ向かうであろうという正確な進路と進行期日表を作り、④キングとニミッツに日本海軍の第四艦隊兵力の全体像を提供した。もちろん、傍受無線情報には暗号解読が出来たのは一部分ということもあり、推測には限界があった。

歴史家ルンドストロームは言う。無線傍受情報は米海軍にとって、敵の将来の動きの大体を知ることにおいて、戦略的には大いに優位をもたらした。サンゴ海海戦の初期には、米任務部隊（TF）にとって、ハイポからの情報は有用であった。もちろん、急激に変化する戦場での戦術的対応には、ハイポの情報は不完全、不正確の点もあり、TFを指揮したフレッチャーをミスリードした点もあった、と。

サンゴ海海戦後、ニミッツは情報の効率・効果と価値を理解するようになった。レイトンは後に、上述の歴史家ルンドストロームに言った。ニミッツは情報に関心を示すようになった。理解出来る大きな全体像を描くために、情報分析を受け入れ、以前以上にハイポ情報を信頼するようになった。

9　ミッドウェー海戦とロシュフォート

❖参考③　キング戦略と日本海軍戦略

ミッドウェー海戦に至る経緯については、キング戦略と日本海軍戦略を知っておくことが必要だろう。開戦当初のキング戦略は、まず①ハワイと米本土間の交通線確保であり、次に②ハワイと豪州間の交通線確保であった。キングにとって、豪州確保は不可欠であった。白人国豪州が日本に占領されれば、米英蘭の有するアジアの有色人植民地への影響が大きい。

だから、キングは開戦当初、ハワイ・豪州間の交通線たる南太平洋方面への日本軍進出を警戒し、ニミッツに留意を促していたのだ。ニミッツとキング間のやりとりは、この辺を知っておく必要がある。

日本海軍も豪州を重視し、出来れば占領したかった。開戦時軍令部作戦課長だった富岡定俊大佐（終戦時、少将で作戦部長）は次のような内容を戦後、回想した。

「私（富岡）が非常に心配したのは、豪州のことであった。米国の戦力は二年経過すると膨大なものになる計算だった。飛行機は一〇倍になる、艦船も一〇倍になる。しかし、いくら一〇倍になっても、米本土やハワイにひしめいている限り、怖くはない。ことに、飛行機はその戦力を十分発揮出来るように、基地に展開しなければ意味がない。この戦争の戦場で格好の展開場所を捜すと太平洋では豪州しかない。米国の大きな戦力が広大な豪州に展開して（ニューギニア、北島、カロリン諸島等の）北にどっと突き上げて来たら、かなわない。どうしても豪州は早く脱落させるか、米国との間を遮断するしかない。陸軍に話すと豪州占領は必要兵力を考えると不可能だと言う。やむを得ず、ガダルカナルとポートモレスビーに出ることを考えたのだが、大きな壁にぶつかった。連合艦隊司令部と軍令部との間に戦略思想の食い違いが出て来た。連合艦隊の方はミッドウェーを押さえないと本土の空襲がある、米機動部隊が空襲をかけてくる、ミッドウェーは小さな島だが、確保しておこう、ミッドウェー争奪戦を契機としてハワイから敵決戦部隊を誘出して撃滅したいと連合艦隊司令部は言い、軍令部は太平洋南東に手を伸ばしてここに航空機基地を置き、米豪遮断をやろうと主張した。非常な論争となったが、これが日本海軍の死命を制した論争であった。永野軍令部総長は四月五日、ミッドウェー攻略作戦に同意。その二日後にドーリットル東京奇襲があった。かくして、まずミッドウェーをやり、それが済んだら豪州遮断にかかろうということになった。そうして日本軍主力はミッドウェーに向かって出撃し、敗戦となった。老練な搭乗員はほとんど全部死んでしまう致命的敗戦だった」。

（『開戦と終戦』富岡定俊、毎日新聞社、昭和四三年、「帝国海軍提督達の遺稿――小柳資料（下）」（財）水交会、平成二二年）

日本海軍は五月三日、特別陸戦隊をガダルカナル島沖の要衝の小島ツラギに上陸させ、水上基地建設を開始した。かくして、ミッドウェー海戦の一〇日後の六月一六日、ガダルカナル島に海軍設営隊を上陸させ、飛行場建設を始め、八月五日にはほぼ完成させせた。米豪遮断作戦の一環であった。

キングは、ガダルカナル島が占領され、飛行場が作られていると聞き、直ちに、陸軍を頼らず、海兵隊を使用して奪回を決意する。キングにとって、米豪間が遮断されることは耐え難かった。キングが、ハワイ・豪州間の交通線確保を最重要視して、中部太平洋のミッドウェー方面よりも、南太平洋方面に関心を集中していたことに留意すべきである。ロシュフォートのミッドウェー説を採ったものの、ニミッツがキングの南太平洋方面への関心を忖度しなければならなかったことも、知っておかねばならない。

ミッドウェー海戦は昭和一七年六月五日であるが、キングの強い意向によって、その二ヵ月後の八月七日には、米海兵隊がガダルカナル島に上陸を開始した。

（1）日本軍の次の攻撃目標はどこか

一九四二年四月二七日、第二艦隊（近藤信竹中将）が北緯五〇度から六〇度、東経一四〇度から一六五度の海図を東京に要求した無電をハイポとベルコンネンは傍受した。この地域はアリューシャンの東部とアラスカ海岸である。同じ日、ベルコンネンは第二艦隊の電文にＡＯＥ（ダッチハーバー）、ＫＣＮ（コディアック）が入っているのをピックアップした。レイトンの参謀補佐ハドソン大尉はこれを見て、日本軍のアリューシャン作戦で、期日は五月末頃だろうと考えた。ハドソン大尉は一九三六年から三年間日本語研修生として日本に滞在し、一九四一年に太平洋艦隊に配属されて以降、一貫してレイトンを補佐する情報参謀補佐だった。

五月二日、第二艦隊白石参謀長が海軍第五基地（サイパン）に対して、「Ａ兵力と攻撃部隊が六月二〇日以降二週間でトラックに集結する計画」を打電したのをネガトが解読し、以下の問題の推測が迫られた。
①第二艦隊は第四艦隊の基地サイパンに向かって何故発進するのか。
②第二艦隊は南に向っているのか。
③A兵力とは何か。
④南雲の機動部隊を補強するため、第二の攻撃兵力を編成したのか。
⑤なぜトラックで合流するのか。
⑥第二艦隊はトラックに移動するまで、どこを占領するのか。
五月四日、戦艦霧島から大和への電文「前述した作戦期間に本艦は補修を行なう。五月二一日に任務を終了して、作戦中に合流出来ないだろうか」をハイポは解読し、電文翻訳を「実証も兆候もないが」とコメントしてネガトに送った。オアフ島作戦を考えているのではないか、アリューシャン作戦は恐らく五月一五日前後だろう、とレイトンは推測した。

五月六日、マーシャルのクェゼリンに基地を置く第四航空隊から横須賀に向けての次の電文をハイポは傍受した。

「五月七日までに第二作戦（King作戦）のため、4990と8990サイクル用水晶発振部品を補給して欲しい。目標はＫｉｎｇ（ＡＫ）である」

ＫｉｎｇとかＡＫとは何か。電文の宛先は、去る三月四日に、川西飛行艇が真珠湾を爆撃した時の宛先と同じだった。ＫｉｎｇとかＡＫとは真珠湾のことなのだろうか。関係者はアリューシャンだろうと考えた。距離も手が届くし、占領も出来る。アリューシャン西部のキスカかアッツか、あるいは東部のウナラスカかダッチハーバーか。サンゴ海海戦で、ナウルとオーシャンの危機はまず去った。米海軍上層部は日本が次に取るであろう作戦に注目していた。関心は日本本土にいる強力な艦隊である。

ロシュフォートは五月一日の「太平洋方面におけるハイポ予測」の中で、①機動部隊は日本に集結している、②戦艦四隻による第一艦隊と第二艦隊は、二日から三日で出動可能。③赤城、加賀、蒼龍も五月一五日以降は出動可能、④よって、五月二一日には作戦開始可能、としていた。

合衆国艦隊のキング長官は、南太平洋のニューカレドニア、エファテ、フィージー、サモアと並行して豪州北東を攻撃するのでは、と考え、第二艦隊の行動予測に関心を注いだ。日本はポートモレスビーをあきらめてはおるまい。ニミッツも同じ思いだった。両者はハワイ攻撃も心配した。Ｋ作戦とはオアフ作戦か、あるいはミッドウェーも含むハワイ作戦なのか。アリューシャンもふくむのか、ハワイ占領を考えているのか。

キングが兼務する海軍作戦部に通信部（部長：ジョセフ・レッドマン）があり、その下にネガト（責任者：ジョン・レッドマン）がある。ネガトはハイポとベルコンネンへの統制・調整を強化しようとしていた。

一九四二年初め、ネガトはそれぞれの責任範囲を地域ごとにブロック分けしようとした。ハイポの責任範囲はマーシャル方面、南太平洋方面、日本近海とし、ネガトとベルコンネンは、マリアナ方面、東南アジア、日本近海を担当することをネガトは考えたが、ロシュフォートは関心を示さなかった。地理的範囲よりも、日本海軍の動きをカバーするのがより重要だ。無電傍受所に、近藤信竹中将の第二艦隊と南雲の第一航空艦隊の傍受に全力を注げと命じた。これは、ニミッツの関心でもあった。

ニミッツの関心に沿うには、東南アジアやマリアナ方面の日本海軍の動きを無視することは出来ない。ネガトのレッドマン弟やウェンガーは、ハイポの独立的動きをかねがね不快に思っていた。

ニミッツの関心は強力な第二艦隊の動向だった。ここ数日、第二艦隊は無線封止をしている。これは攻撃作戦が近いことを示しているのではないか。

五月八日、ハッキンスとウイリアムズによる傍受無線解析によって、以下のことが判明した。

機動部隊と高速戦艦比叡、金剛、それに重巡洋艦利根、筑摩が合流し、まだ日本近海にいる。

南雲艦隊は空母四、戦艦二、重巡洋艦二プラス駆逐艦となっており、これに近藤の第二艦隊が合流すれば、強力な艦隊になる。

この日（五月八日）、ロシュフォートはキングとニミッツに以下の情報を伝えた。

①傍受解読した、日本海軍の攻撃作戦命令№6によれば、赤城は横須賀を五月一五日に出港、他の艦は五月一八日に佐世保に向かう。かくして五月二一日に目的地に向かう。

②ハイポの無線傍受では、南太平洋で艦船の活動を示す交信はほとんどない。主要艦隊がサンゴ海に向かう動きもなかった。

五月九日の時点でレイトンもロシュフォートも日本艦隊がどこに向かうか分からなかった。

五月下旬にアリューシャンがやられるかも知れない。近藤艦隊と南雲艦隊の動きを探るしかない。無線傍受での推測によれば、横須賀にいる上陸部隊はグアムで上陸訓練を行なうだろう。これもキングとニミッツに報告した。

五月一一日、第二艦隊が配下部隊に出したアリューシャン方面に関心を示す作戦命令No.22をメルボルンのベルコンネンは、解読。第二艦隊はサイパン、グアムに向かっており、ここで次の作戦を待つのだろう。なぜ、近藤は上陸部隊をサイパンに送るのか。ワシントンのネガトは南太平洋に向かうと考えたが、ハイポの見解は異なった。近藤艦隊と南雲艦隊は共同作戦を行なう可能性があり、目的地は南太平洋ではない。その根拠は中部太平洋にいる駆逐艦交信の解析によるものだった。

とは言うものの、サイパンがハワイ作戦、アリューシャン作戦の出発地点とは考えにくかった。ハイポは近藤艦隊と南雲艦隊との間の交信傍受に全力をあげた。何が起こるかはこの二つの艦隊がカギとなった。

一九四二年五月の二週間に、日本海軍は大量の交信を行なった。ワヒアワ傍受所の傍受員五〇人はてんてこ舞いになった。毎日、五〇〇から一〇〇〇の傍受生データがハイポに届けられる。とは言うものの、傍受出来たのは実際の日本海軍交信量に比べはるかに少なかった。傍受所がキャッチし、コピーした量は太平洋艦隊司令部の推測では日本海軍交信の恐らく六〇%以下であった。そして傍受出来た交信の四〇%が解読された。ということは、ハイポで解読出来たのは日本海軍交信の四分の一だ。日本軍が大量に交信する電文の四分の一を解読したというのは大変な成果であった。

生データがハイポに洪水のように流れこんでくる。サンゴ海海戦時、ロシュフォートは一日二〇時間から二二時間解読翻訳に没頭した。地下室の隅にある簡易ベッドで一〜二時間寝るだけだ。五月から六月にかけ、傍受無線解析班、暗号解読班、日本語班の主要メンバーも同じように昼夜兼行で働いた。

ロシュフォートは言う。自分は個人的に一日に一四〇通の電文を翻訳した、と。これは所員が解析、解読したものを残らずチェックした数と考えられる。またロシュフォートによれば、サンゴ海海戦、ミッドウェー海戦時には一日二〇時間働いた。傍受無線解析、暗号解読、翻訳にのみ集中する地下室での生活は現実離れのものになった。外の世界や戦争それ自体は遠くに行ってしまった。

ダイヤーも言う。戦時中、自分が知っていた米国の主要作戦はホノルルの日刊紙『ホノルル・アドバタイザー』を読んで知ったものだけだった。日本海軍の動きをリアルタイムに傍受し、解析、解読、翻訳の上、レイトン参謀を通してニミッツに伝える。一日は二四時間しかない。仕事をしようとすれば三四時間でも足りない。必要不可欠以外に時間を浪費することは出来なかった。

ハイポやベルコンネン情報により、キングとニミッツは、五月一七日かそれ以降にオアフが攻撃されるだろう、六月二〇日以降はどこか分からぬが攻撃されると考えた。また、キングはかつて自分が艦長だったレキシントンを失ったショックもあり、南太平洋の心配が去らなかった。

五月一二日、キングからニミッツに次の指示があった。

「我方陸上基地航空がカバー出来る範囲を超え、ハルゼーのTF16（空母エンタープライズとホーネットが中核）を敵陸上基地航空範囲内に進出させることは、必要性が生じるまで勧められない」。

レキシントン沈没のショックが続いているキングは、米空母の喪失を防ぐため、空母艦載機陸上基地に移し、南太平洋陸上基地を守るため豪州やハワイから爆撃機を補強するとのアイデアを出してきた。各種の無電傍受から、日本軍は南太平洋よりもハワイやアリューシャンに向かっているのではないか、とキングも考えるようになった。太平洋の危険水域は変わった。

五月八日にハイポがつかんだ情報では、南雲艦隊と近藤の第二艦隊とが緊密な関係となり、五月末には作戦行動が可能になっている。南雲艦隊はどこに向かうのか。ニミッツは第二K作戦の目標がオアフと考えた。去る三月四日にも真珠湾は飛行艇によって爆撃されている。

五月一三日、キングからニミッツに連絡があった。敵がラバウルの兵力を増加することはあるまい。ポートモレスビー作戦もやらないだろう。ニミッツはキングに自分の考えを次のように伝えた。

①敵は赤道直下のナウルとオーシャンを間もなく占領すると思われる。これらの島は中部太平洋のホーランドやベーカー方面へ進むコースだ。②敵は更に東に進み、長距離飛行艇でオアフを攻撃するだろう。③日本本土で待機中の進攻部隊は恐らくオアフを襲い、西海岸攻撃の可能性もある。

ニミッツの報告はキングの目を南太平洋から中部太平洋へ移す狙いがあったと思われる。ネガトの傍受無線解読では、ハワイとアリューシャンが狙われている。

五月一三日、キングはニミッツに艦船も陸上基地もハワイ防衛に最善を期すよう命じた。日本の飛行艇はフレンチフリゲート環礁で潜水艦から給油を受けるだろう。ニミッツはこの環礁に機雷敷設を命じる。

五月一三日、ロシュフォートは傍受無線解析によって、敵の方向が一点に向かっているのを知った。アリューシャンとハワイは、敵の第二の目標だった。今までどこに来るか迷っていたが、この日のハイポ分析により、真珠湾から一二〇〇マイルはなれた二つの小さな島（ミッドウェー）が敵の目標であることが分かった。

日本の補給船江州丸（Goshu-Maru、江州丸？　豪州丸？　以下本書では江州丸と統一）は、開戦以来、名古屋と横須賀から戦闘機、エンジン、航空機部品をラバウル、ウェーキ、マーシャルに運んでいた。五月一三日早く、マーシャルを基地とする第四航空隊司令部からウオッジュに停泊していた江州丸に、「ヤルート近くのイミージに行き、航空機基地用品、軍需品を積んでサイパンに行け」との無線命令があった。

この無電はワヒアワ傍受所でキャッチされた。直ちにハイポに届けられ、その日のうちに解読。これは攻撃部隊への合流を命じたものだ。航空機基地用品、軍需品はK作戦に必要でAF地上員に必要なものだ、と伝えていた。

日本軍飛行艇が真珠湾を襲った三月四日直後の三月九日時点から、コード名AFが入った日本軍無電は重要だ、とロシュフォートは考え、AFはミッドウェーではないか、と推理した。三月二三日にキャストも同様の見解だと伝えてきた。

防諜装置付専用直通電話でレイトンに、「大事な情報を得た。来てくれ。君の意見が聞きたい」と伝える。話を聞いたレイトンは太平洋艦隊司令部に帰ってニミッツに伝える。

ワシントンでは、レッドマンがネガトの責任者になって以来、ハイポの推測を無視する傾向があった。

江州丸への通信を翻訳させ、ロシュフォートは暗号コード・グループをダブルチェックした。読めない空白部分を推理で埋め合わせ、五月一三日夕方、太平洋艦隊司令部に持参、海軍作戦部、合衆国艦隊司令部に無電通報して貰い、「写」をベルコンネンに無線で送った。ワシントンでは、このロシュフォート報告を見ただけで、直ちに反応しなかった。

(2) 暗号名「AF」をミッドウェーと推測

五月一四日、太平洋艦隊戦争計画参謀マコーミック大佐は、レイトン参謀と共に、ハイポ地下室にやって来た。顎の張ったマコーミックは穏やかに話す人で、明朗、スマート、頭の切れる紳士だ。机の周辺が紙くずだらけのロシュフォートは説明した。傍受無線解析により日本海軍は指揮系統と艦隊編成を改編したことが分かったとし、最近数日間の傍受無線の断片や解読出来た一部から推理した全体の大きな俯瞰推測図を大佐に説明し、日本の狙いはミッドウェーだと断言した。

マコーミック、レイトン、ロシュフォートの三人は本件に関して疑問点や問題点を討議し、ロシュフォートは更に説明した。一月二三日、ラバウルが占領された時の無電には「koryaku butai（攻略部隊）」という言葉が出ており、五月三日から八日、ニューギニアのラエ、サラマウラが占領された時にもこの同じ言葉が使用されていた。日本語士官はこれをOccupation Force ないしInvasion Force と翻訳している。江州丸はマーシャルのイミージに行き、ここで航空基地用機材や軍需品を積み、マリアナのサイパンに向かい、K作戦に必要なものをサイパンで載せ、koryaku butai と合流してAFに向かうと思われる。

AFをミッドウェーと考えるのは、ハイポ内の意見交換の結論ではない。単なるロジックだ。日本軍は国、都市、地域を二〜三のローマ字で暗号化している。太平洋方面ではAが付くのは必ずアメリカ関係だ。これは早くから分かっていた。真珠湾奇襲があった一二月七日（ハワイ時間）の攻撃地点をAHと呼んでいた。

一九四二年初め頃、以下を確認している。A↓ウェーキ、AD↓サモア、AO↓アリュー

日本軍により暗号名「AF」と呼ばれ、次の攻撃目標となったミッドウェー島の全景

シャン、AOB→キスカ、AOF→ダッチハーバー、AH→ハワイ、AFH→フレンチフリゲート環礁。

日本機に、司令部から「米国はAFから長距離探索を行なっている」との無電通報を傍受したので、AFは飛行場ないし、水上機基地がある地点に違いない。とすれば、AFはミッドウェーだ。

強力な近藤の第二艦隊が、空母四隻の南雲艦隊と合流して、五月二一日以降に何処かに向かう。兵員輸送船を伴っているならば、ミッドウェー占領を狙っているのではないか。

ハイポから帰ったマコーミック参謀から話を聞いたニミッツはハイポの推測は間違っていない、と考えるようになった。ただ、ワシントンのキングは、日本軍はポートモレスビーを諦めず、豪州を占領出来ないまでも、ハワイ・豪州分断のため、南太平洋の要衝占領を狙っていると考えていた。

四月二七日、キングはニミッツに、少なくとも二隻の空母を恒常的パトロールのため、南太平洋に配置せよ、と命じていたし、五月一二日にはハルゼーのTF16（空母エンタープライズとホーネットが中核）の空母を陸上基地からの航空防衛範囲外に出すのを望まない、と伝えていた。キングの考えに対して、ニミッツはハワイ方面に空母を配置し、パトロールさせたいと考え、ＴＦ16を南太平洋から中部太平洋に配置させたかった。五月一三日、ニミッツは、「四月二七日の二隻の空母を南太平洋に配置せよとの命令を再考して頂き、ＴＦ16を中部太平洋に移すよう考慮を願う。敵はオアフ島か米西海岸を狙っている」、とキングに要望した。

五月一三日夕刻、ニミッツはハルゼーに「ＴＦ16の空母を陸上基地からの航空防衛範囲外に出すのを望まない」とのキングからの希望を「御一読に供するのみ（eyes only）」としてそのまま打電した。ＴＦ16の戦闘機五〇機は、この地域の陸上戦闘機兵力よりも強力である。

昭和一七年五月三日、日本海軍の特別陸戦隊がガダルカナル島沖の要衝小島のツラギに上陸し、水上基地建設を開始していた。

レイトンが後に歴史家ルンドストロームに語ったところによれば、ＴＦ16がオーシャン、ナウルに向かった翌日、ニミッツはハルゼーにツラギから五〇〇マイル以内を通れと伝え、キングには報告しなかった。ニミッツとハルゼーの二人は日本飛行艇のパトロール範囲が七〇〇マイル以上なのを知っている。日本機に発見されれば、更なる接触を避けるため、南に向かう。

ニミッツはリスクを取ろうとしていた。ＴＦ16を発見すれば、ナウル、オーシャンへの日本の攻略軍は引き返すだろう。なぜなら、瑞鶴、翔鶴は北方に移っていて、日本の攻略軍は空母の護衛がないからだ。戦意旺盛なハルゼーはキングからの要請にいらいらしていたが、ニミッツからの電文を見てほっとした。キングに知られることの無いよう、航海日誌にはこの命令を書かなかった。この日、ツラギから五〇〇マイル地点に向かった。

五月一四日早く、ネガトの当直士官は新しく届いた報告を読み始めた。一通はハイポからのAF通信だった。ネガトのレッドマン弟、その補佐ジョー・ウェンガー、それに通信部長のレッドマン兄、戦争計画部長のターナーの反応は遅かった。それでも、情報部が毎日キングに報告している五月一四日の「情報要約」には「不確実な点はあるが、ミッドウェーないし、ジョンストンへの敵上陸が行なわれる可能性大」と報告していた。情報部の推測によれば、AFはジョンストン島（真珠湾から七二〇マイルで、飛行場あり）だった。日本軍もジョンストンに注目し、AGという暗号名を付けていた。AGがジョンストンであることは、三月にハイポとキャストが解読していた。キャストはネガトに報告していたが、情報部はなぜか気がついていない。情報部と通信部の連絡不足だったと思われる。両部は仲が悪かった。

AFがミッドウェーというハイポの見解にメルボルンのベルコンネンは疑問を持っ

た。二ヵ月前、比島コレヒドール所在のキャストはAFをミッドウェーと報告していたのだが、キャストはコレヒドールを脱出してメルボルンに移り、その情報機関はベルコンネンと俗称されるようになっている。ベルコンネンの分析者はAFをマーシャルのヤルートかウェーキ島だろうと考えた。

ロシュフォートはAFをミッドウェーと考え、レイトン太平洋艦隊情報参謀もロシュフォートの、ミッドウェーが日本海軍の占領目的とする考えに同意した。太平洋艦隊の戦争計画参謀マコーミック大佐も補佐参謀のスチール大佐も、ミッドウェーと考えるようになった。

五月一四日、レイトンは「敵の動き（Enemy Activities）」カードに、①ミッドウェーが脅威のトップリスト近くになった、②K作戦のため、日本軍のサイパンからミッドウェーに向かう動きを更に注意深く見守る必要がある、③これは空母群による大規模作戦だ、④アリューシャンがこのK作戦に含まれているかも知れない、⑤ミッドウェー作戦はハイポが予測する第二K作戦（真珠湾攻撃）の一部かも知れない、⑥オアフに続いてミッドウェーとダッチハーバーが考えられる、⑦オアフ攻撃には空母が使用されるだけだろう、と書いた。

この日のキングの机にはハワイから届いた二通の報告があった。一通は江州丸通信をキャッチする以前のもので、オアフと恐らく西海岸が攻撃される恐れを伝えたもので、他の一通はロシュフォートからの江州丸通信情報だった。

五月一四日に、TF16がツラギの南東五〇〇マイル地点で日本軍哨戒機に発見されたことを知ったキングは、南太平洋防衛が頭にあるので、これはまずいと思い、翌一五日ニミッツに以下のように伝えた。

①中部太平洋のミッドウェーなのか、南太平洋なのか分からぬが、トラック基地を発って六月一五日から二〇日にかけて開始される作戦は一ヵ月以上に亘る作戦だ。戦艦四隻、空母五隻ないし七隻、巡洋艦六隻の強力な日本軍兵力が南に向かうのではないか。ポートモレスビーだけでなく、豪州の北東ないし、ニューカレドニア、フィージーが目標かも知れない。

②ミッドウェー方面は五月二四日にサイパンを出る日本軍作戦の一部分で、空母は軽空母の龍驤、鳳翔だけではないのか。

③日本軍はミッドウェーを占領して、ここを潜水艦基地とし、米兵力を南太平洋から分断しようとしているのでは。

四月二七日、キングはニミッツにTF16を南太平洋に置いておくことを指示していた。五月一五日のキング電報は、ニミッツにとって、TF16運用に関して、ある程度自由になるものだった。

日本軍の主要攻撃先はミッドウェーとのニミッツの考えに対して、キングはミッドウェーは日本軍作戦の一部に過ぎぬと推測した。

五月一五日、ニミッツは主要参謀会議を開き、レイトン参謀はハイポが蒐集した情報に基づき、日本軍がオーシャン、ナウル占領を延期したようだと報告した。この説明を聞いて、ニミッツはTF16のハルゼーに「ハワイ方面に向かわれたし」と電報した。

マコーミック戦争計画参謀からロシュフォートの考えを聞いたニミッツはこの日五月一五日遅く、キングへ次のような長文の電文を送った。

「写」をキングに送った。

現在の兆候では、同時期に次の三つの敵作戦行動があろう。

①空母と巡洋艦によるアリューシャン、恐らくダッチハーバー、攻撃。

②ポートモレスビー攻撃。しかし、戦力は既にその方面に存在するものだけだろう。

③ミッドウェー・オアフ攻撃。まず、ミッドウェーに主戦力が投入されよう。

④TF16は、日本哨戒機によって発見されたようで、日本軍はオーシャン・ナウル攻撃を中止するだろう。

⑤かかる視点により、TF16にハワイに向かうようキングから命令を出してほしい。
五月一六日、ニミッツは、日本軍の目標が、ミッドウェー第一、オアフ第二と推断した。日本軍は六月初旬にミッドウェーを攻撃して占領を狙い、オアフは奇襲だろう。

五月一六日午後遅く、キングからの返事が届く前に、ニミッツはキングに以下の電文を送った。キングを怒らせないためである。
①同じ情報に基づいても、異なる推測がある。
②ハワイでの最近の情報では、敵のトラックでの集結に関して、確定的なものはない。
③もし、南太平洋に重大な集結との情報があれば、TF16を南西に向かわせる。
ロシュフォートとレイトンの推測に信頼を置いて、ニミッツがキングとその情報参謀の考えに挑戦しているのを知って、我々はニミッツにすがりついた、とレイトンは後に書いている。

日本軍が何をやろうとしているのかに関するハイポの推測をニミッツが了承したことは、戦時中の米海軍出来事の中で最も素晴らしいことだった、とロシュフォートも後に語っている。

五月一七日、キングからニミッツに、将官極秘暗号を使用した次の内容の緊急機密電が入った。

「自分の想定のいくつかを変更し、今では大体貴官の考えに同意する。五月三〇日頃、敵はミッドウェーとアリューシャンのウナラスカの占領を試みるだろう。その後、時間を置かず、六月中旬から下旬にかけ南太平洋作戦が始まるだろう。敵は強い意志で豪州北西ないし、ニューカレドニア、フィージー方面の占領を狙うだろう」

ロシュフォートはワシントンに多くの情報報告をしていたが、ネガトをはじめとするキング周辺に受入れられていなかった。トラック基地でどのようなことが計画されていようとも、ミッドウェーの占領、ハワイへの飛行艇での奇襲攻撃というのがロシュフォートの推測だった。

キングはニミッツと同じ考えとなり、五月一八日に「ハワイ方面に戦力を集中し、注意してその後の戦術をとれ」の指示があった。

(3) ハイポとネガトの対立

キングからニミッツに伝えられた五月一七日の連絡に、ロシュフォートとレイトンは驚き、かつ喜んだ。キングは強い意志力の提督で、その関心が南太平洋に集中しているのを知っていたから、自分たちの考えに同調するとは思えなかったからだ。二人は、日本留学時代以来の長い親友で、毎日のように防諜装置付直通電話で意見の交換をしているから、考えに大きな差異はない。キングはネガト情報に支えられている。二人から見れば、ネガトの連中は訓練が行き届かず、責任者のレッドマン弟（ジョン）やウェンガーは自己権力拡大の気持ちが強い。キングとネガトの間に激しい対立があったのでは、とレイトンは考えた。キングはハイポが正しく、ネガトが誤っているのを認めたのだ、とレイトンは後に書いている。ロシュフォートと親しかったサフォードがネガトを去ってから、ネガトとハイポとの間にトラブルが生じるようになっていた。

ロシュフォートは後に言った。

「サフォードがワシントンにいる限り、彼から何を望まれているかが分かり、彼も私に何が期待できるかを知っていた」。

サフォードとの個人的信頼基盤からロシュフォートは仕事がうまくやれた。レッドマンたちが自己の権限範囲を拡げようとするようになって、トラブルが生じ始めた。開戦早々からハイポとネガトとの間にくだらない口論が起こり始めた。この二つの組織間の緊張はミッドウェー海戦直前の五月に最も高まる。その結果、ロシュフォートの更迭、左遷となることは後述する。

太平洋艦隊司令部に属すレイトン参謀はニミッツに救われるが、海軍作戦部の通信部に属したロシュフォートは通信部長レッドマン兄（ジョセフ）とその上司たるホーン次長によって切られる。ニミッツからの抗議にホーン作戦部次長は無電傍受暗号解読分野は自分の専任事項だと突っぱねた。キングは海軍作戦部長を兼務していたが、自分の時間の三分の二は統合参謀長会議（JCS＝米軍陸海空軍トップによる戦略調整会議）や連合参謀長会議（CCS＝英米両軍の陸海空軍トップによる戦略調整会議）に注ぎ、残り三分の一は合衆国艦隊司令長官として費やされた。海軍作戦部長として割く時間はほとんどなく、ホーン次長に委ねるしかなかったのだ。

サフォードが去ってから、ネガトはハイポとキャストの暗号解読作業をコントロールしようとした。ハイポ暗号解読班のライトも、「ワシントンは完全なコントロールを望んで、それを細かくハイポに伝えた」と言う。第一四軍区司令官バーグレー少将は、日本海軍の無電交信に関して、ハイポに多くの責任を認めて欲しいとキングに要望し、ネガトのレッドマンたちを憤慨させた。レイトンも言うように、これがハイポとネガトのライバル化の火種に油を注ぐ結果となった。ネガトがハイポの職能を地域ブロック化によって制限しようとした時、ロシュフォートは地域によってではなく、特定の日本艦隊を探索しようとした。それは、ニミッツの希望でもあった。

五月一四日、ネガトのレッドマン弟は、日本海軍がAFと呼ぶ地点を攻撃し占領しようとしているとのハイポによる江州丸通信の報告を見た。AFをミッドウェーとする推測をネガトは疑い、AFに関するハイポとネガトの対立を、通信部長レッドマン兄からホーン次長経由でキングに伝えたのだが、キングからニミッツ宛の機密電信は、日本軍が全力をあげてミッドウェーを襲おうとしているというハイポやニミッツ見解にキングが同調したことを示していた。

ハイポ見解にキングが同調して後もネガトとハイポの対立は続いた。毎日のように、AFに関する推測は疑問だ、とネガトからの電文が入る。ロシュフォートは反論しなかった。論争に勝ってもレッドマン弟やその下のウェンガーを怒らせるだけだ。キングは頑固で強い意志の持ち主だが、情勢判断では柔軟な頭脳を持っているのをロシュフォートはよく知っていた。だから、AFはミッドウェーだという推測を出し続けねばならなかった。

前述したが、ベルコンネンもハイポのAF推測を疑っているのを知ってロシュフォートは驚いた。今まで、多少の差異はあっても、ハイポとキャストの判断は同じだった。キャストのメンバーが比島のコレヒドールを脱出して、メルボルンに移って作ったベルコンネンが、前からの判断であるAFミッドウェー説を捨てるとは。

一ヵ月半前の三月二三日、キャストは、ハイポの三月一一日の推測であるAFはミッドウェーとの見解に同意するとネガトに連絡していた。しかし、五月一三日、ロシュフォートが江州丸通信の中にAFの暗号名を再び見つけた同じ日、ベルコンネンもこの通信を解読して、AFはマーシャルのヤルートかウェーキであろうと考え、以前のAFミッドウェー説を変更したのだった。

五月一四日、ベルコンネンはハイポと共同して、近藤信竹中将の第二艦隊と南雲艦隊が合流して動いていると推測した。しかし、双方の結論は違った。強力な兵力は別の目標を持っているのかも知れない、どの方面での作戦であるかを示すはっきりしたヒントはない。この考えをベルコンネンの責任者ファビアン大尉はネガトに送ったファビアンの指摘はネガトの判断基準となった。ファビアンは日本軍の目標を、①第一にアリューシャン、②第二にハワイないし米豪交通線切断のための南太平洋の島々、とネガトに報告していた。近藤艦隊か南雲艦隊かのいずれかが①に進撃し、他の艦隊が②に進撃するだろう。ファビアンは毎日のネガトへの報告で、ミッドウェーに疑問を呈し続けた。AFはミッドウェーとファビアン大尉が判断を変えたのは五月二一日

（ハワイ時間）である。

五月一四日、ロシュフォートは、江州丸交信に出るAFはミッドウェーないし、ウェーキとネガトに報告した。

五月一七日、情報部は、毎日キングに報告する「日本海軍無電要約」の中で、日本軍はサイパンに集結し、ミッドウェー占領も含むハワイ攻撃を目論んでいる、と書いた。

通信部所属のネガトは、情報源のほとんどをハイポとベルコンネンに頼っているものの、両機関の特定地域推定の論理的根拠をしばしば疑っていた。今までも、ネガトはハイポやベルコンネンの考える、ブーゲンビル、ソロモン、アリューシャンを否定してきた。

ネガトはレッドマン弟が責任者となって以来、些細なことを言い過ぎる傾向があったから、ネガトがAFミッドウェー説に疑問を持ったのに不思議はなかった。レッドマンは部下の書いたメモの端に「AFは通信地域の指定であって、地域の指定ではない」と殴り書きした。

江州丸交信の解読をネガトに報告した五月一三日時点で、対立があり得ることをロシュフォートは予想していた。五月一四日から一七日にかけてネガトからレッドマンらの考えが聞こえてきた。

レイトンによれば、馬鹿の言うことを軽く流すことが出来ぬ、のがロシュフォートだった。ロシュフォートはネガトに伝えた。ＡＦは太平洋の地点で、アメリカのコントロールにある所に違いない。日本海軍が更なる攻撃作戦のための給油地と考えているのがＡＦだ。

ロシュフォートは後に言った。我々はいらいらしていた。ネガトの連中は、ハイポの理由に同意しようとしない。連中は我々と同じ情報を得ている。頭が変でなければ同じ答が出るはずだ。

暗号解読班のライトも、「いつもネガトとケンカしていた。一緒にやれなかった」と言う。ダイヤーも同じように「ＡＦミッドウェー説をネガトは認めようとしなかった。連中は頑固でミッドウェーではない、と言い張った。ネガトの硬直性に困惑した」と言う。

キャスト（今ではベルコンネン）も三月一一日と三月一三日、にＡＦミッドウェー説に疑問を呈してきた。

ハイポによればＡのついた暗号名は何度も日本海軍交信に登場しており、中部太平洋の米国領を指しているのは間違いない。ダイヤーによれば、ＡＦミッドウェー説に疑問を持つ者はハイポにはいなかった。

ハイポとネガトは何ヵ月も対立してきた。原因の一つは人の個性だった。ネガトの創設者ともいえるサフォードは海軍暗号解読のパイオニアで、ロシュフォートとの間には信頼関係があった。そのサフォードの後任となったジョン・レッドマンは、訓練を受けた暗号解読者ではなく、その仕事は兄ジョセフ・レッドマン通信部長からの影響があった。兄は弟を配下のネガト責任者に任命した。ロシュフォートはジョン・レッドマンを尊敬せず、「レッドマンの弟」と呼び、「才能も能力もない。ネガトを背景に急に権力を持った者だ。彼とはトラブル続きだった。弱い者いじめ策や、脅し戦術を取ってきた」と言い、AFミッドウェー説を変えなかった。ロシュフォートは二人だけの直通電話でレイトンで言った。「兄のジョー（通信部長）は言うだろう。田舎者の言うことを聞け、と」。田舎者とはネガトのことで、ロシュフォートの好きな言葉だった。

江州丸急電以降、AFが盛んに傍受されるようになる。

五月一六日、次のような南雲艦隊発信（第六通信所宛）の無電を傍受した。この傍受と解読はミッドウェー海戦勝利への一里塚となった。

「AFから日本機は攻撃に向かう」、「北西方向から、Nマイナス二日〜三日まで攻撃する計画」、「攻撃開始三時間前の天気予報が欲しい」、「敵行動や重要と思われるものは何でも連絡されたし」、「攻撃はAFの北西五〇マイルの地点から、できるだけ迅速に飛行機を発艦させる」。

解読出来なかった部分もあったが、全部解読出来なくてもよかった。南雲艦隊はミッドウェーの五〇マイル地点から上陸日の二日前に空母機を発艦させて攻撃する。

AFミッドウェー説は間違いない。南雲艦隊は北西から近づいている。

五月一九日に傍受した無電によれば、敵は五月二六日に作戦会議を行ない、翌二七日に合流地点に向かって出発する。この傍受電の中に初めてMIという記号が出てきた。別の地域かと思う者もいたが、暗号解読班はそうは思わなかった。ポートモレスビー占領作戦に日本海軍はMO作戦と呼んだ。ポートモレスビーの暗号名はRZPだ。MIもAF占領作戦の暗号名だろう。二、三日後、MIとAFが繋がっている発信を傍受した。

江州丸交信を傍受し、AFはミッドウェーだと、ロシュフォートが報告してからも、情報部とネガトには疑問が残っていた。日本語士官ラスウェルによれば、「連中はありそうもない地点を掘り起こし、五月一六日から二〇日の間、我々をいらいらさせた」と言う。

ラスウェル当直中の五月一九日から二〇日にかけての夜、ハイポ地下室に異常に多い傍受電が溢れた。その中には重要電が少なくとも五〇通含まれていた。山本長官からのミッドウェー作戦命令と思われるものに集中して数時間取り組んだ。限られた部分しか解読出来ない。ある駆逐艦戦隊がAF作戦に投入されたとの電文を解読して、この夜に日本海軍が発信した大量の電文はミッドウェー作戦のものだと考えた。ラスウェルの解読したものをチェックして、ロシュフォートはネガトに送った。

ラスウェルの解読を疑ったのはネガトの暗号解読班（OP－20－GY）ではなく、日本語班（OP－20－GZ）のレッドフィールド・メーソン中佐だった。アナポリス出のメーソンはロシュフォートやレイトンより一年後に日本語研修生として来日した。一九四〇年から四一年にかけてハート大将のアジア艦隊情報参謀を務めた。比島が日本軍の手に落ちたため、キャストのメンバーとともに、コレヒドールを脱出。メルボルンでベルコンネン創設に協力した。キャスト責任者だったファビアン大尉がベルコンネン責任者になると、帰国し、ネガトの日本語班チーフになった。

はげ頭で丸々した顔、ひらめき型で、神を冒瀆するような言葉を連発する。仕える部下には難しい人だった。激しい個性で部下に接するから委縮する者が多かった。激励でそんな態度を取るのだ、と思う者もいるが、そんな者は少なかった。競争心が極めて強く、ハイポやベルコンネンへの競争心を隠さなかった。ハイポ日本語班のラスウェルも向こう意気が強かったから、メーソンが四の五の言うのに引き下がらなかった。

ラスウェルがAF関係をネガトに報告してから二、三時間たつと、解読翻訳には同意するが、日本軍の目標は太平洋の別の地点ではないか、と言って来る。メーソンはラスウェルのAFミッドウェー説を否定した。独立心旺盛なメーソンは自分の考えに頑固だった。ラスウェルも似ていた。二人は米海軍情報部間で利用される暗号電信チャンネルを通して数日間激論した。この激論はハイポ地下室全体に知れ渡った。ネガトの（OP－20－GY）も（OP－20－GZ）もAFはミッドウェーではない、としていた。

ロシュフォートが江州丸交信をネガトに報告した同じ日の五月一三日、ネガトのレッドマン弟はキングに次のような報告をしていた。

①情報は不明確なるも、第二次K作戦に関して、日本委任統治領から大規模攻撃部隊が出撃した模様である。②直接指揮をとるのは第二艦隊の近藤中将。③日本軍の第一目標はハワイ。

実際には、近藤は新しい攻撃軍を率いてサイパンに集結し、目標はハワイではなく、ミッドウェーだった。

ニミッツもハワイではないか、と心配していたのだが、マコーミック大佐（戦争計画参謀）がハイポの地下室に行って、ロシュフォートから説明を受けて作った報告の説明を受けて、目標はミッドウェーだと確信するようになった。これは前述した。

ワシントンのネガトは、ハワイが日本軍の主要目標だという自分たちの考えを捨てず、いくつかの可能性を挙げ、二つのシナリオを描いた。

①リーマン中尉説。

潜水艦を見張りとしてハワイ攻撃を行なう。これがK作戦。その後、潜水艦は東アリューシャン、アラスカ、西海岸に向かいAF作戦の見張りを続ける。その間隔は七日から一〇日。オアフが攻撃されて一〇日後にはリストに挙げられた地域が、近藤の第二艦隊に攻撃される。近藤艦隊には上陸軍も含まれる。

②ヨアヒム大尉説。

マーシャル所在の第四航空戦隊は第二K作戦の一部としてミッドウェーを攻撃するが、これは主要作戦ではない。駆逐艦を含む最近の無線交信によると、サイパンに集結している兵力の一部によって、近い将来サモアが攻撃されるだろう。

戦争計画部長ターナー少将の考えも違った。感情が爆発するタイプで「雷、テリブル」と仇名されたターナーは六フィートを超える長身で、毛虫のような太い眉、長いあご。その威圧的な外面と個性で人を威圧したのがターナーだった。精力的に仕事をするが、何事も自分でやろうとするタイプだ。後に、上陸軍司令官になってからは、仕事の重圧から、浴びるように酒浸りの毎日となった。一九四一年の初め、戦争計画部長になったターナーは作戦部長スタークの片腕となって、いわゆるドッグプラン（大西洋のドイツ打倒が第一、太平洋の日本は第二という米国の戦略）作成に携わった。戦争計画だけでなく、情報にも関心を持ち、口をはさむようになる。ただ、レイトンによれば、情報関係能力には限界があり、本人は日本通だと言っていたが、日本関連知識は雑多に過ぎなかった。

重巡洋艦アストリア艦長として、米国で客死した駐米大使斉藤博の遺灰を一九三九年四月に日本に運び、一〇日間日本に滞在した経験で、日本通と自惚れていたのだが、日本語研修生として三年間日本に滞在したレイトンやロシュフォートに比べれば、問題にはならなかった。ターナーは情報関係者に、情報を評価するのは情報部ではなくて、戦争計画部だと大声で怒鳴り付ける。一九四一年八月、戦争計画部作成の作戦情報要約の中に、情報部極東課のチェックを受けることなく、シベリアを含むすべての地点での日本軍の攻撃予想を書き入れた。極東課長マカラム中佐（一九二三年から日本語研修生として三年間日本に滞在。幼少時、父が宣教師だったこともあり、長崎で過ごした）が抗議すると、作戦部長スタークに申し入れて、情報評価機能を戦争計画部に入れてしまうこともやった。

情報部門の情報を基礎に作戦部は作戦計画を立案する。作戦部門が情報を評価するようになると、作戦という色眼鏡（思惑とか、精神論とか、願望とか）で情報を評価しがちになる。フランス式参謀制度が作戦部門と情報部門を対等独立組織とし、両部を峻別したのはこのためだ。米英はフランスに学び、フランス式参謀制度を取った。対してドイツ式は作戦部門の発言力が圧倒的に強い。これは、自国以上の国力を持つフランスやロシアと戦うためには、綱渡りのような作戦の妙に頼らざるを得なかったからだ。苦し紛れといえば苦し紛れの制度であった。ドイツに学んだ日本陸軍では、作戦参謀が肩で風を切って歩き、情報部の情報を無視して参敗を重ねたのは記憶に新しい。その典型はノモンハン戦やガダルカナル戦である。

コラム⑥　作戦参謀の情報無視の一例

昭和一四年のノモンハン戦で完敗した時、実質的責任者辻政信作戦参謀は言った。

「我とほぼ同等と判断した敵の兵力は我に倍するものであり、特に量を誇る戦車と威力の大きい重砲は遺憾ながら意外だった」。「外蒙古兵がこんなに多くの戦車を持っていようとは、だれしも考えなかった」。「まさか（ソ連軍が）あのような大兵力を外蒙古の草原に展開出来るとは夢にも思わなかった」。（辻政信『ノモンハン』原書房、一九六七年）

このように、「意外だった」とか、「だれしも考えなかった」とか、「夢にも思わなかった」というが、土居明夫モスクワ駐在武官や参謀本部の情報部は的確な情報判断を提供していた。この情報提供を作戦部や辻作戦参謀が聞く耳をもたなかったのだ。辻が頭から情報部の言うことを聞かず、自分勝手な腰だめ（当てずっぽう）判断でソ連軍に臨んで大敗したのだった。

ガダルカナル戦（昭和一七年）で敗れた時も辻は次のように言った。

「米軍の戦法は理詰めであった。特別な戦術は必要ない。ただ力の正確な集中だけが彼等の科学的戦法であろう。無理を有理とすることを戦術の妙諦と心得たの

は貧乏人のやりくり算段であった」。（辻政信『ガダルカナル』河出書房、一九六七年）

これは、辻が戦う相手の米軍を知らなかったことを自供している証拠である。実際、彼は米軍を全く研究しておらず、情報部から教えを請う態度を見せたことも皆無であった。情報部は米軍戦法を研究して役に立たせようとしたのに、作戦参謀たる辻がその教えを虚心坦懐に聞こうとせず、日米戦の天王山ともいえるガダルカナル戦でもノモンハン同様に敗北したのだった。

(4) 偽情報を使ってAF＝ミッドウェーを確認

一九四二年三月初め、通信部（部長：ジョセフ・レッドマン）とネガト（責任者：ジョン・レッドマン）のレッドマン兄弟が、ハイポ、ネガト、ベルコンネンの情報を基礎として最新戦闘情報を担当するOP－20－GIを創設以来、ターナーとレッドマン兄弟の仲が悪くなった。OP－20－GIが情報評価をするのをターナーは心よく思わず、ライバル視した。戦争計画部とOP－20－GIはつまらぬ事で口論を始める。両者の間はハイポとネガトの関係のようになった。口論はやがて、日本軍の目的推測よりも、その補給問題や準備問題についての些細な事にまで及んだ。そのためもあってか、双方は五月八日から二一日にかけては、太平洋艦隊司令部と合衆国艦隊司令部の間の交信や決定にも気がつかぬ有様になった。五月二〇日前後、ターナーと通信部長ジョセフ・レッドマンが面と向かってやりあった。このニュースは、ハイポの地下室まで届いて来る有様だった。

AFやK作戦に関して、ハイポ、ネガト、ベルコンネンの三機関が日本軍の方向を決めかねているのは問題だ、とターナーは、言った。

五月一三日のロシュフォート報告（江州丸通信傍受による、K作戦に必要な軍需品を積んでサイパンからAFに向かうとの報告）にもターナーは強く異議を唱えた。

この報告にある、AFとKの関連をニミッツもワシントンの情報部も認めたのだが、独立心旺盛なターナーは、「そうではない」と言い始める。ターナーは、OP-20-GIのデイズリー少佐に、ハイポ、ネガト、ベルコンネンに自分の考えを書いて配布せよ、と命じた。

デイズリー少佐は、「ターナー少将によれば、三機関はAF作戦とK作戦とを誤って関連付けた。AFとKは独立した作戦である。AF作戦は強力な兵力が使用される。一方、第二次K作戦は潜水艦と飛行艇が使用される」と書いて、ターナーの指示通りに配布した。

日本軍の主要作戦の目的をミッドウェーではなく、豪州北東、ニューカレドニア、フィージーとし、攻撃は六月一五日から二〇日に計画されている、とターナーは考えた。

ターナーの見解は、間もなく、歴史的に見ると無価値、無意味なものになった。ネガトと戦争計画部との間の意見交換を基にターナーが作った情報要約をキングが読んで、五月一五日、ニミッツにミッドウェー攻撃は日本軍による主要作戦ではなく、一分岐作戦であろう、と伝えたのであった。これは前述した。

AFミッドウェー説に疑問を持つ者は頑強に抵抗した。ワシントンからいろいろの噂が入ってきた。真珠湾奇襲直後、サフォードから「ワシントンでは、日本の欺瞞通信に騙されたんだ」という噂が流れていると警告された。今度も同じ噂だった。

ロシュフォートが日本の罠にかかり、太平洋艦隊を誤った方向に導いている、と言うのだ。ニミッツも同じような警告を何人かの陸海軍高級将校から受けていた。多くの兆候がミッドウェーを指しているのは、強力な兵力をハワイや西海岸攻撃に使用するのを隠す、日本側の手の込んだ騙し、だと言うのである。

五月一七日、キングは、日本軍の狙いはミッドウェーだとする考えを受け入れるとニミッツに伝えた。

キングの考えは変わるかも知れない。人事を扱う航海局長から太平洋艦隊司令長官になったニミッツは、人の長所、短所、特色を評価するのに長けた人で、一時の感情に動かされる人ではない。キングの個性を充分に知っており、敵山本よりもキングに気を使っていた、と言う人もいる。キングの伝記を書いたこともある筆者は、キングは織田信長タイプだと思ったことがある。気に入らぬ部下は容赦なく更迭するのだ。

ニミッツはミッドウェーだと信じており、ロシュフォートの提供する傍受無線解読に太平洋艦隊に運命を賭けている。情報提供者と一軍を預かって国の命運を任されている者とでは、その重圧が違う。責任は情報提供者よりも、その情報を受け入れた者にある。

五月一八日、ニミッツはレイトン参謀に「太平洋艦隊司令長官として、AFはどこか、に関して、君とロシュフォートの推測だけでは安心できない」と言った。

ニミッツの心配を聞いて、レイトンはロシュフォートと長時間に亘って話した。全力で問題に当たり、AFがミッドウェーか、そうではないか、をさらに探求することにした。

五月一九日の早朝、ロシュフォートは、日本艦船位置担当のホームズの机の前に主要メンバーを集めて意見を聞いた。何が問題で、何が必要か、我々はAFをミッドウエーと結論したが、他に何か考えられることがあるだろうか。「今までの考えの他はない」とホームズが言うと、メンバーに異論を唱える者はなかった。ロシュフォートは秘密直通電話でレイトンにその旨を伝える。

ホームズは戦争前、ハワイ大学工学部で教鞭を取っていた。レイトンやダイヤーより二期上のアナポリス卒業で、潜水艦に乗っていたが、定期身体検査で海上勤務は困難と判断され、退職してハワイ大学に職を得ていたのだ。戦争直前になって、その経歴を買われて陸上勤務のハイポ勤務となったのは前述した。ハワイ大学時代、基地建設に際して、真水と適当なコンクリート用小石に乏しいミッドウエーで、サンゴを砕いた破片と海水をセメントに混ぜ、コンクリートにする調査をしたことがあった。その時の体験によって、真水の供給はミッドウエーの日常の問題で、真水配給設備の故障は深刻な問題だ、とロシュフォートに伝えていた。この話を聞いたフィネンガンは思いついた。日本軍がミッドウエーに水が不足しているのを知ったら、ウエーキの日本軍傍受所はこれを東京に連絡するに違いない。いいアイデアと思ったロシュフォートは直通電話でレイトンに伝える。ニミッツはレイトンから相談を受けると直ちに了承した。ロシュフォートは第一四軍区司令官バーグレー少将に話し、二人は海底電線の電話を使って、ミッドウェー守備隊長サイマード海兵大佐に伝えた。大佐は五月一九日、島の水不足状況を無線（暗号化しない平文）で、第一四軍区司令官に連絡した。第一四軍区から、これも平文無線で水供給船を直ちに送る、と伝える。ロシュフォートは、ネガトにもベルコンネンにも、ハイポ次席のダイヤーにも本件を知らさなかった。

この平文の無線通信を傍受したウェーキ傍受所は東京に「AFは水不足で、AKに早急に水を求めている」と打電した。

五月二〇日、ミッドウェーから平文でハワイの第一四軍区に無線通信し、ウェーキの傍受所これを傍受して東京に通報したのを知って、ダイヤーは「戦時に平文で交信するとは何事だ」激怒した。ミッドウェーの馬鹿が、とんでもない奴だ、怒り狂ったダイヤーをロシュフォートは事情を説明してなだめた。

ネガトとハイポはここ一週間、AFがどこかで、激しく対立していたこともあり、「真水通信」でAFが確認されても、ハイポはネガトに伝えなかった。ベルコンネンのファビアン大尉はウェーキから東京への無線通信を傍受して、真珠湾の第一四軍区司令部に確認するとともに、これをネガトに五月二一日に報告した。

レイトン参謀からこの話を聞いてニミッツはほっとし、五月二四日、ミッドウェー航空基地に対して北西七〇〇マイルまでの偵察飛行を命じた。五月二三日の太平洋艦隊作戦日誌には「敵は五月二六日にサイパンを離れるだろう」と書かれた。

ワシントンでは、情報部がキングにAFはミッドウェーと確認された、と報告。ワシントンのAFミッドウェー説疑問者は沈黙したが、その後も疑問を持つ者は陸軍関係者やルーズベルト内閣にもいた。

スチムソン陸軍長官は、ノックス海軍長官とともに有力な共和党員だったが、ルーズベルトから挙国一致内閣の名目と、陸海軍長官のポストを示されて、ルーズベルト内閣に入った経緯を持っている。スチムソンは、五月一日の日記に「小さな太平洋の小島ではなく、ドーリットル東京奇襲の報復として、もっと野心的な攻撃を考えているのではないか」と書いた。アラスカ、パナマ、米西海岸攻撃が計画されているのではないか、と考えていたのだ。

マーシャル陸軍参謀総長は、スチムソンと同じ疑問を持っていた。ニミッツとその情報部は日本軍のトリックにかかっているのでは、と思った。五月二五日、日本委任統治領マーシャル諸島イミエイ駐留の第一四航空隊から横須賀の人事部に、「郵便物をAFに転送するように」との要望無電が解読された。マーシャルは、後に議会で「こんな電文を送ったのは、米海軍の目を真の目的から離そうとしているのではないか、と考えた」と証言した。

五月二一日、スチムソンとマーシャルは陸軍航空隊や陸軍情報部の主要メンバーと会同を持ち、日本軍は西海岸の海軍基地サンディエゴを襲い、ドーリットルが中国大陸へ逃げたように、メキシコに逃げるのではないかとの考えを深めた。スチムソンの要求によってハル国務長官はメキシコ駐在米大使館に、その危険性を伝えた。

翌二二日、マーシャルは西海岸に飛び、防空体制を視察する。

ハワイ駐在のエノモス陸軍中将も、五月一三日に日本海軍の某部隊がハワイやアリューシャンの海図を東京に求めたのを知っていた。

太平洋艦隊だけでなく、太平洋軍司令官として、ニミッツは南西太平洋を除く太平洋地域の陸海軍を指揮する権限を与えられていた。ちなみに南西太平洋軍司令官はマッカーサーだ。ニミッツがハワイ駐在陸軍第七航空隊の爆撃機をミッドウェーに送った時には、エノモスは疑問視した。五月一六日から一七日にかけ、エノモスは「海軍は日本軍がミッドウェーを狙っているとの考えに重きを置きすぎているのではないか、オアフが攻撃される恐れがあるのでは」との陸軍情報書信をニミッツに送った。

すぐに、ニミッツはレイトン参謀を呼び、エノモス書簡を見せ、意見を聞いた。昨年一二月七日の真珠湾奇襲の記憶が生々しい。日本軍が何をやるかよりも、何処をやるかに関心が集中しているのはやむを得なかった。

ハワイ陸軍が太平洋艦隊より情報量が少ないのをニミッツは知っていた。前任者キンメルはハイポから得た情報をエノモスの前任者ショート中将に伝えなかった。ニミッツとしては全部陸軍に知らせることは出来ないが、陸軍が関心を持っているものは伝えるよう努めた。

レイトン参謀は、戦争計画参謀補佐スチール大佐から、作戦部の意向や考えの重圧を受けていたし、日本陸海軍情報部は常に作戦部から軽視された。作戦部は情報部が苦心して得た情報を頭から疑問視して否定することも、少なくない。どこの軍隊でも、多かれ少なかれ、作戦部と情報部は対立する。

「真水通信」でAFミッドウェー説を疑っていた者たちは黙ったが、ワシントンでは「ハイポは真珠湾奇襲で騙され、今度も再び騙されている」とのささやきが広がっていた。ネガトのレッドマンたちは、ロシュフォートがネガトに無断で、策術を弄してAFを確かめたことを面白く思っていなかった。彼等はロシュフォートがやったことを、上部機関ネガトへの不服従と思った。ネガトのレッドマンとウェンガーはネガトによる無電情報活動の中央集権化計画を、ロシュフォートが崩すものと考えた。ウェンガーが作った二月の無電情報機関再編案では、ネガトが全ての通信情報活動の中央調整権限を持つものとしている。

これが実現すると、ハイポやベルコンネンの自主性は少なくなり、傍受した生データをネガトに提出し、その分析・評価はネガトに委ねることになる。レッドマンたちによれば、ハイポのやっていることは自分達の考えに反すると考えたし、ロシュフォートはレッドマンたちの考えに批判的だった。ネガトの連中は、自分やレイトンのように日本語研修生として日本に三年間滞在した者と異なり、日本軍のメンタリティーや言葉、その他の知識がない。にも拘わらず、連中はネガトの考えで決定しようとする。

(5) ミッドウェー海戦前夜の情報戦

ロシュフォートは後に言った。ハイポの推測は、解読、翻訳、通信情報にテクニカルにタッチした者の推測ではない。解読、翻訳、通信情報に関する技量を持ち、艦隊の各種業務や参謀勤務に経歴のある者が考えた意見だ。自分は交信の実際の意味を判断する経験と知識を持っていた。

五月一三日の江州丸交信解読以前から、ニミッツは空母を中部太平洋に展開させるステップを踏み始めていた。南太平洋方面の危険情報が入れば、南太平洋に帰るという条件でキングがハルゼーのＴＦをハワイに向かわせるのを認めたのは五月一五日。五月一八日、ニミッツはハルゼーにハワイ海域に戻れと打電。同じ日、フレッチャーにもハワイ帰港を命じた。フレッチャーの空母ヨークタウンはサンゴ海海戦で中破し、フィージー近くのトンガタブで給油を受けていた。艦船修理施設が充分でない真珠湾で完全に補修出来なければ、カナダ国境に近いブレマートン海軍工廠で補修予定であった。

ハルゼーのホーネットとエンタープライズが真珠湾に戻ったのは五月二六日。翌日、傷を負ったヨークタウンが真珠湾に入った。

ハイポの無線傍受によれば、日本側はサンゴ海海戦でレキシントンが沈み、ヨークタウンは大破、ハルゼーのＴＦは真珠湾から三〇〇〇マイル離れたニューヘブライデスに向かっていると考えているようであった。ニミッツにとって、日本側がこのように考えているのは有難いことだった。五月二一日、ニミッツは、ハルゼーとフレッチャーに、真珠湾に帰るまで厳重な無線封止を命じた。ＴＦの飛行機でオアフに向かう者にも無線交信を禁じた。ハイポによれば、日本の無線傍受機関は、上空のパイロットと地上基地とのおしゃべりを傍受し、米空母の動きを知ろうとしている。日本の大和田通信所（埼玉県）にはアメリカ育ちの何人かの二世がいて、パイロット間や、パイロットと空母や地上基地の会話を傍受していた。

サンゴ海にいる水上機母艦タンジールに、TFの空母が南太平洋にいるよう思わせるため、盛んに無線発信させた。

五月二八日、タンジール機は日本軍が五月三日に上陸して設営していたツラギ基地を空爆した。これは、日本軍に対して、米空母機によって攻撃されたと思わせ、ハルゼーのTFがソロモン南方にいると日本軍に推測させる擬装作戦だった。ミッドウェー攻略に対抗する米空母群がミッドウェー近海にいないとの情報は日本軍にとって朗報だった。

五月一七日、日本軍がミッドウェー攻略とアリューシャンのウナラスカ爆撃を計画しているとのニミッツの考えをキングは認めた。これは前述した。ただ、両者間で時期については一致していなかった。キングは五月三〇日までと考え、ニミッツはそれより遅く、六月の初めの週だろうと推測した。

ロシュフォートによれば、四月時点で日本海軍の暗号交信の五分の一が分かっていたが、五月末には少なくとも、三分の一を解読出来ていた。五月二五日までには、日本軍が何をやろうとしているのかの鮮明な推測図は描けるようになっていた。

五月一九日から二〇日にかけて、生データが洪水のようにハイポ地下室になだれ込んだ。日本語班のラスウェルはちょうど当直だった。ハイポの主要メンバーがそうであったように、ラスウェルも驚くほどの長時間勤務で、地下室を離れるのは稀だ。生データの束を全部チェックするのは時間がない。重要司令部宛に発信されたものを重要通信と考え、これに当たった、未知のコード・グループを確かめつつ、徹夜して翌朝八時になり、解読したものをネガトに送った、とラスウェルは後に言うのだが、必ずしもそうではなかった、との説もある。また、その内容についても疑問がないわけではない。

ラスウェルが一晩でやったか、数日かかったかは不明だ。近くにいたプロット班のシャワーズ少尉によれば、三日間かかったという。ホームズやライトによれば、ラスウェルが解読したのは、AFとアリューシャン攻撃命令を詳細化した作戦命令、即ちどの艦がどこへ行き、誰が何をするかを命ずる長い通信文だった。これによって、攻略軍の戦力と配置は分かったが、攻撃日と時間は不明だ。

レイトンが後に言うところでは、そのような作戦命令が解読されていたのなら、自分は知っていたはずだ、そんなことは聞いたことがない、と。また、自分もニミッツも南雲艦隊の後方に山本五十六率いる戦艦群の存在を知らなかった。ハイポが全体作戦命令を解読していなかった証拠ではないか。

戦史家ルンドストロームも、ハイポ、ネガト、ベルコンネン、太平洋艦隊のファイルを調査して、疑問だとする。いろいろ疑問があるが、五月二〇日前後に異常に多い傍受電がラスウェル・チームに流れ込んだのは確かだ。

五月二四日、ハイポ、ネガト、ベルコンネンの三機関は、サイパンがミッドウェー作戦の集合地であることに意見一致した。ここで、瀬戸内海にいた近藤信竹中将の第二艦隊と南雲忠一中将の第一航空艦隊が合流してミッドウェー作戦と、ほぼ同時期にアリューシャン作戦を行なうことは分かったが、その攻撃期日は何日か、K作戦とは何か、は未解決のままである。

五月一九日から二〇日にかけて、傍受電が洪水のようにハイポ地下室に流れ込み、その八五%から九〇%が解読、翻訳された。これは、その年初旬の一九四二年一月二〇日に豪ポートダーウィン沖に沈んだ日本潜水艦から引き揚げた暗号書や乱数表が役立ったのだと思われる。ただ、期日は分からなかった。日本軍の作戦期日に関しては、開戦以来、傍受電の中に三度しか現われておらず、解読が甚だ困難で、六月一日から一〇日までなのでは、と推測するのみだった。

❖参考④　米軍による日本海軍暗号書の強奪

筆者の知る限り、米国文献にはあまり出て来ないが、米軍の日本海軍暗号書強奪について書いておく。レイトンもロシュフォートも、日本海軍から強奪した暗号書を活用したことには全く言及していないが、これに頼ったことは間違いあるまい。

暗号書と附録の乱数表があれば、暗号解読が容易になるのはもちろんだ。暗号解読には次の三本の柱が必要である。①暗号手法の理論的解明、②暗号機の入手と、これと同じ機械の模造、③暗号書、使用書の入手。①を詰めていないと、②、③は宝の持ち腐れになる。ドイツ軍はタイプライターに似た、エニグマという暗号機を使用した。日本海軍はエニグマのような暗号機を使用しなかったので、②やエニグマの説明は省く。

暗号解読の先進国英国では、第一次大戦終了直後の一九一九年に恒常的暗号解読機関を創設した。暗号学校（G.C.& C.S; Government Code & Cipher School）と命名し、二九人の専門家と三七人の事務補助者で発足した。第二次大戦直前には五〇〇人を超す陣容になり、戦時中には一〇〇〇人を超えた。場所もロンドン市内から、ロンドン北西五〇マイルのブレッチェリー・パークに移った。

一九四一年三月、英軍のコマンド部隊は独軍占領ノルウェーの孤島ロホテン諸島のドイツ軍気象観測所を奇襲し、エニグマ機や暗号書を強奪した。

また、一九四一年五月には英駆逐艦三隻はドイツ潜水艦U110を爆雷攻撃で追いつめた。コントロール力を失い、波間に漂い沈みつつあったU110に、ゴムボートを使って武装兵を乗り込ませ、抵抗する艦長を射殺し、エニグマ機と暗号書を奪った。同様に翌年一〇月にはU559から暗号機と暗号書を奪った。

ドイツ軍はアイスランド東方海域と、さらに北のヤンマイエン島の東方の定位置に、トロール船を改造した気象観測船を一ヵ月以上定着させて気象データを収集、暗号化して報告させていた。一九四一年五月と六月、英国駆逐艦群は、この気象観測船に強行接舷して武装兵が乗り組み、無線室・船長室に乱入してエニグマ機や暗号書を奪った。

このようにして、一九四二年になると、英軍はほぼ完全に独軍の発信する暗号電報を直ちに解読出来るようになっていた（谷光太郎『情報敗戦』ピアソンエデュケーション、一九九九年）。

参謀本部情報部ドイツ課に配属となった堀栄三少佐は、一日、課長の西郷従吾大佐と共に駐日独大使館付武官クレメッチル少将を都内の料亭に招待し、歓談した。この席でクレメッチルは、日本海軍暗号が米軍に盗まれているのではないか、との懸念を表明した。前年（昭和一七年）八月九日の米潜水艦によるマキン島奇襲攻撃はどう見ても怪しい。日本側はガダルカナル島への米軍の反攻を容易にする牽制作戦と考えているようだが、日本守備兵四〇人に対して米軍は二〇〇人の海兵隊を暗夜潜水艦からゴムボートで奇襲上陸した。普通ならその島を占領するところ、二日目にさっと引き揚げたのは裏がある。日本は米国の知識に乏しいが、これを米軍の典型的暗号書奪取作戦だと見ている。英軍は欧州でこれに類似したことをやっており、重要書類を奪取する専門部隊コマンドを持っている。撃沈した船に潜水夫を潜らせたり、沈みかけた潜水艦に跳び乗って、暗号書を奪ったり、停泊中の商船から巧みに暗号書を盗んだりするのを常套手段にしているから、要注意だ。マキン島に折角上陸しておきながら、すぐ引き揚げるやり方には疑問が残る。ミッドウェー海戦での日本の敗北も暗号のせいではないか、と言うのがクレメッチル少将の指摘だった。（堀栄三『大本営参謀の情報戦記』文藝春秋、一九八九年）。なお、マキン島を奇襲した海兵隊奇襲大隊の副指揮官はジェームス・ルーズベルト海兵少佐で、かねてよりコマンド部隊創設を進言しており、ルーズベルト大統領の長男である。

一九四二年一月二〇日、豪州ポートダーウィン沖で、日本潜水艦が米駆逐艦の攻撃により、水深五〇米の海底に沈んだ。潜水母艦ホーランドが現地に赴き、日本潜水艦から暗号書類を引き上げた。豪国防相ヒースレーは「日本海軍の暗号は開戦間もなくサンゴ海海戦以前に米国側に解読された」と言明している（実松譲『私の波濤』光人社、一九七五年）。

戦時中、予備士官として、傍受無線解析などに携わった中牟田研市は次のように言っているのが、参考になる。

いかに米軍諜報組織が強力だったとはいえ、戦争の早期に日本海軍暗号の解読が正面からの方法で可能なはずがない。おそらく、何かの手段で日本海軍の主力コードを入手したと考えるべきであろう。もし、ベースコードが入手されていたとすれば、この種の暗号は乱数表の解読だけであるから、米通信諜報組織をもってすれば解読し得ないのが不思議なくらいだ。ある軍令部の幹部だった人は豪州港湾の封鎖作戦を実施中だった機雷敷設潜水艦が撃沈され、浅瀬から引き揚げられて、暗号書が奪われた可能性があると言っていた。

日本軍も昭和一八年一一月、台湾の台中沖に沈んだ米潜水艦を引き揚げようとして失敗した例がある。

日本海軍暗号のようなコード暗号をベースコードなしに直接解読したら、「AF」に相当するコード符号を略語で解読するはずはなく、直接ミッドウェーと解読してしまうからだ。ミッドウェーから真水不足を平電報で打って、これを傍受したウェーキの日本軍傍受所が「AF」は水不足と、東京に打電したことから「AF」がミッドウェーだと、米側が確信したという挿話こそ、日本海軍暗号が、何の資料も奪われずに米海軍によって解読されたものではない、ことを暗示している。中牟田は当時、軍令部に入ったばかりの予備学生士官だった。この米ミッドウェー基地から打った平文が特務班幹部を緊張させた記憶が二十数年たった今日でも残っている、と言う。米諜報部が日本の軍用暗号の解読に容易にとりつけたのは、日本の軍用暗号が脆弱だったのが主たる原因であるとは思わない。ベースコードが米軍に奪われていたためだと考えている。暗号解読が通信解析より的確な情報となるのは明白であるから、米国側は通信解析を必要としなかったとも言える。一方、暗号解読ではほとんど実効をあげなかった日本海軍特務班は情報の全てを通信解析に頼らざるを得なかった。さらに、中牟田はデービッド・カーンの *Code Breaker*（一部邦訳『暗号戦争』）を引用する。

カーンによれば、太平洋戦争開戦前、米諜報部は日本海軍の暗号を解読出来ず、その動静判断を通信解析に頼っていた。カーンは書く。「通信解析は通信がどこからどこへ、打たれているかを確認することによって、命令系統を描き出すのである。また新たな作戦が開始される前は、通信量は増加するのが普通だから、電波発信の方位測定を併用すると、しばしば相手の行動がいつ、どこで始まろうとしているかを推測出来る」。中牟田は続ける。この程度だった米軍諜報部が、強化されたとしても、ミッドウェー海戦直前に日本海軍の主要暗号を一気に解読し得たことは全く魔術的で疑問がある。それをなし得る唯一の手段は暗号書の入手以外に考えられない（中牟田研市『情報士官の回想』ダイヤモンド社、一九七四年）。

ハイポで艦船の位置表示（プロッティング）を担当していた、ホームズは戦後、ハイポの活躍を描いた *Double-Edged Secrets* を出版した。その中に次のような記述がある。

一九四三年一月二九日、日本軍潜水艦イ1号がガダルカナルの浜近くでニュージーランドの駆潜艇二隻に攻撃され沈んだ。潜水艦乗組員の多くは、最新のコードブックを持って島に逃れた。しかし、コールリスト、古いコードブック、海図などは潜水艦に遺して行った。米軍が潜水夫を潜らせて、貴重な資料を引き揚げた。すぐに、ハイポにこの資料は送られた。これは、天文学者にとって、月の岩石が貴重なものであると同様に、暗号解読班のダイヤーやライトにとって、貴重な贈物となった。

(6) 日本艦隊の動きを予測

五月二五日、ベルコンネンは「AF」と「攻撃」が含まれる傍受電に挑戦したが手に負えず、ハイポとネガトに送って来た。ハイポは既にこれに挑戦していた。フィンネガンは暗号の中の三つのカナのうち、最初のカナが月、次のカナが日を表しているのは分かったが、三つ目のカナの意味することが分からなかったので、ライトと相談した。フィンネガンによると、前に三回そんな例があった。一つはサンゴ海海戦の期日で他の二つは役に立たないと何処かにファイルした。ライトは下士官四人を呼んでこの二つの例を調べさせた。

ライトとフィンネガンは将棋の盤のようなものを作り、盤の各枠に期日を書き、暗号と実際の期日をチェックした。暗号期日をより分け、枠内の期日を順次消していく方法で、翌五月二七日午前五時三〇分に解いた。これによると、ミッドウェー攻撃は六月四日でダッチハーバー攻撃は六月三日である。話を聞いたロシュフォートは、二人の自信度を確かめ、ネガトとベルコンネンに報告させた。

五月二六日、ニミッツはレイトンがロシュフォートから得た情報を基に作成した「ハワイ・アラスカへの情勢判断」を主要関係者に伝えた。その日の遅く、ニミッツから明朝に陸軍関係者、艦隊参謀会同を司令部で行なうのでロシュフォートの説明を聞きたい、と伝えられた。

五月二七日の午後、傷を負ったヨークタウンが一〇マイルもの油を引きながら帰ってきた。サイレンと蒸気ホイッスルに歓迎されながら、真珠湾の狭い入口から入って、第一ドライドックに入渠。ここにニミッツが待ち受けており、帰ったばかりのフレッチャーに「三日間で応急修理せねばならぬ」と言った。修理に九〇日間かかるとの見方もあったが、一四〇〇人の工員が総動員され、三日間の二四時間作業で何とか応急修理は完了した。

五月二七日、前日真珠湾に帰港したハルゼーのＴＦ（空母エンタープライズとホーネットが中核）関係者と、この日午後早く、サンゴ海海戦を戦い一〇〇日間海上にいて帰還したフレッチャーのヨークタウン関係者に、ニミッツは勲章授与を行なった。その間を縫って、陸海軍関係者会同を行なって、ロシュフォートの説明を聞いた。

ぼさぼさの髪のまま、ヒゲも剃らず、寝不足の赤い目で、ロシュフォートは旧潜水艦司令部建物の中の太平洋艦隊司令部に入った。ロシュフォートは合衆国艦隊司令部に送ったばかりの電文の「写」をニミッツに手渡し、「これが全てを説明しています。作戦命令で、これによって日本軍は作戦を行なおうとしています」と言った。前述したように、これが山本長官の作戦命令か、その要約かは、今でははっきりしない。出席者の多くはロシュフォートが何者か分からなかったし、何をやっている者かも知らなかった。この時点でもなお、ＡＦミッドウェー説を疑問視する人もいた。ハワ

真珠湾のドックで応急修理中の空母ヨークタウン。サンゴ海海戦で受けた損傷をわずか3日間の応急修理を実施して復帰させた

イ防衛責任者のエノモス陸軍中将がそうだった。ニミッツはエノモスの疑問を解くために、戦争計画参謀補佐スチール大佐を派遣し、レイトン、ロシュフォートの考えを説明させていた。それでも、エノモスはＡＦミッドウェー説への疑いを晴らさなかった。

五月二五日、エノモスは、「自分は敵に関する充分な情報を持っていないが、日本軍主力がミッドウェーに向かっていると、はっきり断定するのは危険だと思う。日本軍は欺瞞無線交信で我々を騙そうとしているのではないか」とニミッツに書簡を送った。

マーシャル参謀総長の個人代表としてハワイに来ていたリチャードソン陸軍少将も同じ疑問を持っていた。全太平洋方面の防衛状況を視察のため、リチャードソンはマーシャルから差し向けられていたのである。

海軍関係者も、全てがニミッツの考えと同じだったわけではない。ハルゼー急病のためピンチヒッターとして、太平洋艦隊司令部に入ったスプルーアンスがそうだった。ＴＦ16を率いたハルゼーは六ヵ月間の神経緊張から皮膚病となり、ハルゼーの推薦によって巡洋艦戦隊を指揮していたスプルーアンス少将が一時的にＴＦを率いることとなった。ハルゼーとスプルーアンスは外見も性格も正反対なのだが、それが却って

レイモンド・スプルーアンス（左）とウィリアム・F・ハルゼー。スプルーアンスは皮膚病の治療のため戦列を離れたハルゼーに代わり、ミッドウェー海戦では急きょ空母機動部隊の指揮を執った

双方互いに長所を認め合うこととなり、二人が駆逐艦戦隊を率いる頃から仲が良かった。

この会同で、近い将来予想される海戦の詳細を、スプルーアンスは初めて聞いた。会同には海軍側からは、参謀長ドラエメル少将、戦争計画参謀マコーミック大佐、戦争計画参謀補佐スチール大佐、作戦参謀デラニー大佐が出席した。ロシュフォートは説明のため出席したが、ロシュフォートの考えを強く支持する情報参謀レイトン少佐は、階級の低さから会同に招かれなかった。

参謀長ドラエメル少将の作戦指導の消極性にあきたらないニミッツはキングの了承を得て、ミッドウェー海戦後、スプルーアンスと交代させている。キングはハルゼーを頭の悪い猪武者として評価しなかったが、ハルゼーの戦意を疑問視する者はいなかった。

ロシュフォートはこの会同に何の幻想も持っていなかった。会同は何かを決めるために招集されたものではない。ロシュフォートは後に言った。

「ニミッツ提督がこの会同に私を呼ぶ前に、彼は既に取るべき行動を決めていたのは明らかだった。太平洋艦隊の作戦命令は、既に決めていたのだ」。

会同に参加した者で何人かは、ロシュフォートが何をやっているか、薄々感づいていたかも知れないし、少人数の人々は東京の秘密源からのものだ、と思っていた。

ニミッツは情報源を誰にも明らかにしなかった。受けた情報で自分の考えにしたものだけを言った。ロシュフォートの説明に関して討議するようなことはなかった。ニミッツは、ロシュフォートを暗号解読者としてよりも、無線傍受情報を繋ぎ合せるに巧みな、日本語通信に習熟した情報士官として出席させていた。質問があれば自分が知っていることを話し、どのようにして知ったかを話すために呼ばれたのではなかった。

「日本軍はどんな行動をしようとしているのか」が最初の質問だった。暗号解読者の限界で、日本軍の全計画を知っているわけではない。しかし、五月二七日までに多くが分かっている。ニミッツに報告済みの次の事項を説明した。
①日本海軍は動いている、②日本軍空母はここ三日間無線を発信していない。空母の交信がないのは普通、海上にいる時だ、③日本軍の二つの兵力がミッドウェーとア

リューシャンに向かっている。説明後、次の予想を語った。

①何日か後に機動部隊（空母は、赤城、加賀、蒼龍、飛龍の四隻、もしかすると瑞鶴を含む五隻かもしれない。戦艦三隻、巡洋艦四〜五隻、他に駆逐艦）がミッドウェー北西（東経三一五度）五〇マイルの地点から０７００（午前七時）に発艦してミッドウェーを空爆する。

期日の説明は、ロシュフォートが後にライトに話してところによると、六月四日と説明した。しかし、日本軍の山本長官が命じたのは六月三日。ニミッツがキングに報告したのも六月三日であった。

実は、南雲艦隊は出港準備が遅れ、予定より一日遅れで出港した。このため攻撃日が一日ずれ、六月四日となったのが実情である。ロシュフォートの記憶間違いか、実際の攻撃が六月四日だったから、後に六月四日で説明した、と言ったのかも知れない。実この会同でロシュフォートが六月三日として説明したのか六月四日としての説明であったのかを明らかにするのは今では不可能だ。

②南雲艦隊が攻撃して二日後、上陸軍がミッドウェーのイースタン島、サンド島に上陸するだろう。

③アリューシャンに向かう北方軍は空母一隻、軽空母一隻、巡洋艦二隻、三個駆逐

艦戦隊、一個潜水艦戦隊と補給船から構成され、既に大湊（青森県の軍港）を出ている。上陸のため、ダッチハーバーを空爆するだろう。

④一個支隊がキスカとアッツ占領に向かう。

以上の予想は驚くべき予測だったが、ミス予見もあった。アリューシャン作戦は米艦隊をミッドウェー方面から離す策略だとロシュフォートは考えたが、実際はそうでなかった。

会同でニミッツは尋ねた。

①空母四隻の根拠は何か。なぜ六隻ではないのか。

②攻撃日を六月四日とする根拠は何か。六月六日ではないのか。

③なぜ主力攻撃がアラスカでないのか。

④中部太平洋の小さな小島に日本が巨大な戦力を向けるのはなぜなのか。

⑤アリューシャンの二つの島（キスカとアッツ）に向かうのは、我々を困惑させるためでは？　これは我々を罠にかける交信ではないのか。

⑥どこで合流するかの重要機密電を発信するほど日本人はお人好しなのか。

⑦日本の目的は弱小の米艦隊をおびき出し、撃滅することにあるのでは？

ここ何週間も、日本軍はハワイを攻撃するのではないか、と考えていた陸軍のエノモス将軍は、オアフが奇襲によって、大きな惨事となるのを恐れた。キングすら、ミッドウェー攻撃の前後にオアフが強烈な攻撃を受けるのではないかと懸念していた。

K作戦に関して、ハイポは新しい情報を持っていなかったし、会同までこの言葉を使ったことはなかった。出席者はK作戦を知らないので説明出来ないのでは、と考えた。また、会同時点でロシュフォートは南雲艦隊の後方に山本五十六の主力艦隊がいるのを知っていなかった。

太平洋艦隊司令部参謀の何人かの疑問に拘わらず、ニミッツはハイポの推測が正しいとの想定で太平洋艦隊としての計画の基本を既に決断し、日本海軍を叩く行動プランを進めた。ニミッツの決断は、ハイポによる過去一〇日間の傍受無線解読に大きく頼っていた。ニミッツは自分の計画を五月二七日の会同まで待っていられなかった。既に哨戒機を毎日七〇〇マイルの範囲で偵察させ、ミッドウェーの南西から更に北方まで探索させている。また、潜水艦一三隻にミッドウェーから二〇〇マイル地点でのパトロールを命じていた。更に、駆逐艦にフレンチフリゲート環礁周辺をパトロールさせ、去る三月四日の日本飛行艇による真珠湾攻撃の二の舞をさせぬようにした。

山本長官の二兎を追う作戦（ミッドウェー作戦とアリューシャン作戦）に対して、ニミッツの作戦は単純明快だった。ハルゼー急病のピンチヒッターとしてTF16（空母エンタープライズとホーネットが中核）を指揮するスプルーアンスは真珠湾を出港してポイントラック（北緯三二度、東経一七三度）に向かった。

スプルーアンスは、真珠湾で修理中のヨークタウンを待ち、フレッチャーのTF17（空母ヨークタウンが中核）と六月二日にポイントラックで合流し、北西からミッドウェーに向かう南雲艦隊を迎え撃つ計画だ。両TFの指揮は先任のフレッチャーが執る。

フレッチャーはTFを南と西に分け、南雲艦隊に奇襲をかける地点に行き、自軍機の航続範囲まで南雲に近づく。攻撃は南雲艦隊空母の発艦時と帰還時を狙う。発艦時は母艦機がタンクにガソリンを満載し、爆弾、魚雷を抱えたまま飛行甲板に並んでいる。一機に火をつければたちまち燃え広がり、爆弾、魚雷が誘発する。バスケットに潰れやすい卵を一杯詰め込んでいるようなものだ。帰還時には帰還機の収容に手一杯となっている。

アリューシャン方面に割ける空母はなかった。巡洋艦五隻、駆逐艦一四隻、潜水艦六隻のTF8（指揮官セオバルト少将）を五月二一日に編成し、アリューシャン方面に向かわせた。

五月二八日、ニミッツは、TF8指揮官セオバルトに、日本軍はキスカとアッツを占領しようとしている、と伝えた。ハイポによる暗号解読情報によるものだ、などとは洋上指揮官に決して言わない。日本軍のキスカ、アッツ攻撃は欺瞞無線で、本当の狙いはダッチハーバーないしアラスカ本土だとセオバルトは思っていた。ミッドウェーよりもアラスカや西海岸が心配だった。

同じ五月二八日、サンディエゴにいる戦艦戦隊のパイ中将は、ニミッツに戦艦戦隊を臨戦体制とし、対空砲員を全員配置させたと伝え、情報によれば日本軍はアラスカ、サンフランシスコ、ロサンゼルス方面を来週に襲うだろうと報告した。一週間前にマーシャル参謀総長がカリフォルニアにやって来て防衛体制を視察した。この時、パイは陸軍側から情報を得ていたのだ。

陸軍航空隊（戦後の空軍）司令官アーノルド中将も西海岸へ来て別の検閲をした。アーノルドは陸軍参謀次長と陸軍航空隊司令官を兼ね、統合参謀長会議では無条件にマーシャルに従う態度をとった。キングによれば「マーシャルのイエスマン」だ。陸軍側はこの時点でも、AFが西海岸地域だと思っていた。

西海岸でない、とロシュフォートが考えた理由は、出来ないことと、出来ることがある、という理由だった。ハイポは日本の使用出来る船の数と、その所在地をかなり正確につかんでいた。日本は西海岸攻撃に必要なタンカーを持っていない。これが日本海軍の米西海岸に行けない理由だ。補給問題は軍事の常識で、日本海軍が空母を伴う艦隊を真珠湾と西海岸の間に浮かべることは出来ない。そんなことをすれば、米の陸上基地から発進する攻撃機にやられてしまう。陸上基地は不沈空母だ。後知恵ではロシュフォートの考えはすんなり受け入れられるが、コロンブスの卵と同じで、当時の陸軍やルーズベルト内閣の閣僚はハワイや西海岸がやられることで頭がいっぱいだったのだ。

前述したように、キングは江州丸通信傍受でニミッツから敵の目標はミッドウェーだと報告された五月一四日から一六日にかけて、これを疑っている。キングは豪州のポートモレスビーやハワイ・豪州交通線上のニューカレドニアやフィージー方面が頭から離れなかった。自分の考えを修正し、ミッドウェーとアリューシャンと思う、とキングがニミッツに伝えたのは五月一七日であった。攻撃期日も五月三〇日前後だと、この時に言った。

それでも、キングとニミッツの間には次の相違があった。

①オアフ攻撃に関して。キングはニミッツが考えるよりも大規模な兵力でオアフが攻撃されるだろう、と考えたのに対し、ニミッツは過去三月四日の日本軍飛行艇二機による攻撃以上のものではあるまい、と考えた。

②西海岸攻撃に関して。キングはこれを心配していた理由はネガトからの報告だっ

た。キングは全面的にネガトを信用していたのではなく、ハイポ、ベルコンネンからの報告を読んでいたし、情報部からも情報要約を受けている。情報部極東課長のマカラム中佐は日本語に堪能で独立心旺盛である。ネガト情報を鵜呑みにしない。ハイポとネガトのトラブルの裏にはキングがいて、キングの虎の威の下にネガトがいる、と考える者がハイポには少なくなかった。

五月末、ハイポに朗報が入った。戦争計画部のケリー・ターナー少将が更迭され、太平洋上陸軍司令官になったというニュースだった。ターナーは持前の性格から、情報の評価・分析は俺の所でやるべきだ、と情報部や通信部とトラブル続きだった。ある歴史家の指摘によると、この更迭はマーシャル参謀総長からの強い要望によるものだと言う。統合参謀長会議（JCS＝戦後の統合参謀本部の前身）の下部機関である統合計画会議（Joint Planning Staff）で、陸軍側はターナーとやって行けないと分かったのだ。

ターナーはその後、ガダルカナル、タラワ、ニュージョージア、マーシャルのエニウェトク、マリアナ、沖縄の上陸戦を指揮する。毛虫のような太い眉、長い顎のターナーは、レイトンによれば、人との接し方がまるでヤスリのようにざらざらで人を傷つけ、威圧的。上陸用小型艇で上陸する時でさえ、艇長に細かな指示を出さずにおれないタイプだった。後のことだが、真珠湾奇襲時キンメルはワシントンから情報を得ていなかったとターナーにレイトンが言うと「貴様は俺が嘘つきだと言うのか！」と突然レイトンに飛びつき、首を絞めにかかったことさえあった。酒乱ターナーはこの時、相当酒が入っていたこともあるが。

五月二七日、日本海軍は従来のＪＮ‐25（b）を変更し、これ以降一ヵ月間は読めなくなった。ＪＮ‐25（b）は一九四〇年一二月一日に現われ、約一年四ヵ月でかなり読めるようになっていた。同じ暗号システムを長期間使用するのは危険だ。日本海軍は一九四二年四月一日に更する計画を立てたが、新しい暗号書の配布に手間取った。日本海東南アジア、中国沿岸、太平洋各地に散らばっている艦船に新しい暗号書を慎重に配布するには時間がかかる。五月一日になっても運用出来ず、最終的に五月二七日に変更になったのだが、これはミッドウェー海戦直前となり、日本側にとって痛恨の遅延となった。

ハイポ、ネガト、ベルコンネンの共同により、ミッドウェーに関連のＪＮ‐25（b）は解読されていた。新しい日本海軍の作戦暗号システムＪＮ‐25（C）はオリジナルのＪＮ‐25（a）のように、五万のコード・グループを持ち、五ケタの数字で打電される。暗号解読のダイヤー、ライト、ラスウェル、フィンネガンが挑戦した。何千という五ケタの数字を合わせながら、その意味を探るには時間がかかる。ロシュフォートによれば最初の一ヵ月は何も分からなかった。ワヒアワ傍受所から日本海軍の交信を傍受した生データがハイポの地下室に運ばれる。何処から発信したのかの方位分析がされ、コールサイン分析を行なう。

二六日に青森県の大湊を出た北方軍に瑞鶴からの発信が五月三一日に傍受された。これによると、瑞鶴には飛行機がほとんど載っていない。これはミッドウェーに参加しない可能性を示している。

ニミッツによる太平洋艦隊の作戦は五月二七日に明らかにされ、翌二八日に発令された。

五月二八日の朝、スプルーアンスのTF16（空母エンタープライズとホーネットが中核）が真珠湾を出て北西に向かった。二日後に三日間で応急修理を終えたフレッチャーのTF17（空母ヨークタウンが中核）がポイントラックで合流するため出発した。

ニミッツは「Good Luck and Good Hunting」の信号を送った。

ミッドウェーの東方と南東に一三隻の日本潜水艦が配置され、この方面の米艦船を見張っている。これら潜水艦は五月三〇日に配置につく予定だったが、一日送れた。このため、配置についた時、TF16、TF17はポイントラックに既に到着していた。

日本海軍は暗号書を五月二七日に変更したが、既にそれまでの多数の重要日本軍暗号通信は米側によって解読されていた。日本潜水艦のミッドウェー周辺配置が一日遅れ、これまた既に米TFは奇襲のための地点に到着していた、この二点は日本海軍の運命予言だったように思われる。勝利の女神は米側に傾きつつあった。

ハイポがつかみ、陸軍やキングが恐れた日本軍のK作戦はオアフ攻撃作戦ではなく、ミッドウェー攻撃のための五月末の偵察作戦だった。日本海軍の計画では、去る三月四日の真珠湾空爆のように川西飛行艇がフレンチフリゲート環礁で潜水艦から給油を受け真珠湾に飛び、そこに米空母がいるかどうかを視察することだった。日本潜水艦イ123号が五月二九日にフレンチフリゲートに到着した時、三隻の米艦（水上機母艦のソーントン、バラードと駆逐艦クラーク）がパトロールしているのを見て、危険性を考え、止めたことにより、K作戦は中止となっていた。

五月二八日、TF16が真珠湾を出港した。その前日二七日、フレッチャー、スプルーアンスを始めとする指揮官にミッドウェー作戦命令No.29〜No.42が配布された。この作戦命令作成は、ハイポの暗号解読、翻訳、状況判断に大きくよっていた。

五月二八日、北方に向け航行中のTF15の艦上で、スプルーアンスは関連士官にニミッツの作戦命令を説明した。それには情報源は記入されておらず、次の事柄が書かれていた。
①日本海軍は総力を挙げてミッドウェー占領を計画している。
②その攻撃は、空母の近接接近による空爆である。
③日本軍の空母は北西から来襲する。
④日本軍の来襲は六月三日前後。
五月二七日の会同では、日本軍の空母は四～五隻、高速戦艦二～四隻、巡洋艦八～九隻、駆逐艦一六～二四隻、潜水艦八～一二隻、それに一個上陸軍（複数の水上機母艦を含む）と説明された。参加者の多くはこのような情報がどこから入ったか不思議に思った。米海軍は日本海軍の暗号を破ったのだとか、ニミッツは東京に直接的なパイプ（スパイ）を持っているのだろう、と噂がたった。

六月二日、TF16とTF17はポイントラックに近づき、ミッドウェーから三五〇マイル北西の地点に到着した。

ニミッツとロシュフォートに考えの差があるとすれば、前述したように、来襲期日だった。

ロシュフォートの推定は、ミッドウェー攻撃の一日前の六月三日にアリューシャンを攻撃する、ミッドウェーを二日間攻撃して六月六日に二つある島の一つイースタン島に上陸するだろう。ミッドウェーとアリューシャンを別の日に攻撃するのは考えられないとしたのはニミッツだ。

五月三一日、ポイントラックに向かうTF16とTF17にニミッツから無電が入った。この電文は最新情報に拠ったもので、四日前の予想とは異なっていた。瑞鶴は参加しない。瑞鶴の搭乗員が他の司令部に移動させられているのをハイポはつかんだのだ。日本軍空母五隻の恐れは無くなった。日本海軍の無線封止は厳重になった。山本長官は瀬戸内海にいるものとハイポは想定したが、実際には南雲艦隊の後方六〇〇マイルを航行していた。

米海軍の交信は多くなった。六月初め日本軍によって傍受された米電文一七〇通のうち、七二通が緊急電だった。日本軍傍受所は米軍の発信急増を知った。信じられないことだが、この米軍発信急増は南雲に伝えられなかった。山本長官は、無線封止を破りたくなかったし、海軍通信部からその情報を得ているだろう、と思ったのだ。

南雲艦隊から無電発信のないことは、オアフ攻撃（K作戦）の可能性がある。五月末、キングすらK作戦が実行されるのでは、と疑い始めた。戦争計画部参謀補佐のスチール大佐は戦争計画コメントに「飛行艇によるオアフ攻撃の恐れは今もある」と書いた。

ロシュフォートが予想したように、第二航空艦隊の龍驤と隼鷹はウナラスカ島のダッチハーバーを六月三日（現地時間八時五分）に空爆し、二五人の兵士を殺し、続いて近くのマクシン湾を攻撃した。これは、真珠湾と、アリューシャン・アラスカ防衛艦隊TF8のセオバルト少将にも急電された。

（7）ミッドウェー海戦はじまる

六月三日、一三時三〇分（現地時間一一時）ミッドウェー海軍航空基地から、ミッドウェー南西二六二度七〇〇マイル地点に一一隻の艦船がコース090速度一九ノットで航行中の急電がニミッツに届いた。ミッドウェー基地司令サイマード大佐は九機の重爆撃機B-17を発進させる。ミッドウェー海戦が始まった。

今までAFが何処か、論争があったが、以降はなくなった。ロシュフォートは後に言った。アリューシャンから予定時間通り報告が入った時には感慨があった、ミッドウェー西方に敵艦隊発見を発見した時には更なる感慨があった、と。

報告を受けたニミッツの顔面に微笑が浮かんだ。レイトンによれば、輝くような微笑だった。受けたばかりの報告をレイトンに示した時、ニミッツはほっとした表情を隠そうとせず、レイトン参謀に話した。

「これは君の心を和ませるだろう。今まで疑ってきた者をすっきりさせるだろう。私が言ってきたことが正しかったのを彼等は知るに違いない」

五月二七日の会同でロシュフォートは北西から南雲艦隊は来ると説明した。

「南西からではない。だから、ミッドウェー海軍基地の哨戒機がこの島の南西方面に発見したのは南雲艦隊ではない」

ニミッツはすぐにポイントラックにいたフレッチャーとスプルーアンスに急電した。

「繰り返さない。南西方面に我が哨戒機が発見したのは敵攻撃艦隊ではない。攻略軍を護衛する近藤の第二艦隊と思われる」

ニミッツとキングは六月三日朝、空母機がミッドウェーを攻撃すると考えていた。

しかし、六月三日午後になってもその動きがない。①南雲艦隊は何処か、②ロシュフォートの推測は正しいのか、③ハイポのライトとフィネガンが五月二七日に予想したように六月四日朝に攻撃しようとしているのか、④南雲艦隊は一日遅れるのか。

ミッドウェーを六月三日に攻撃するには、南雲艦隊は瀬戸内海を五月二六日に出発する必要があった。前述したように、準備に時間を食い、出発が遅れた。このため、攻撃日が一日遅れたのだ。近藤艦隊や輸送船団は計画通り航行した。

日本軍機の攻撃で炎上するミッドウェー島の施設。日本海軍は空母機動部隊、同島の上陸部隊、山本長官率いる戦艦部隊で作戦を開始した

南雲艦隊が予想通りに現われなかったことをニミッツは知った。その理由は何か。今までロシュフォートの予想は当たってきたが、まぐれ当たりだったのか。

五月二七日にロシュフォートが予想したように、南雲はミッドウェー北西に現われるのか。迷った時にいつもそうであるように、ニミッツはレイトン参謀を呼んだ。レイトンはこの時点でのロシュフォートの推測を六月四日と伝えていたが、ニミッツは最新の考えを尋ねた。「明日の六月四日です」とレイトンは答え、ロシュフォートとは少し異なる見解を述べた。ロシュフォートはミッドウェー北西三一五度に南雲が現われると予想したが、レイトンはミッドウェー北西三二五度一七五マイルの地点、時間は現地時間の六時であろう、と自分の考えを伝えた。ニミッツは満足したようだった。

ハイポの地下室で万端整えてロシュフォートは待っていた。ワヒアワ傍受所の傍受員を二倍にし、ハイポは非常事態体制を取った。傍受した通信をより早く、より正確につかんでニミッツに報告せねばならぬ。

ハイポは通信情報ユニットであって、通信情報センターではない。ワヒアワ傍受所で傍受した通信文をテレプリンターで送ってくるか、ジープで運んでくるのを受け取るだけだ。日本軍の発信電波を傍受するのに手が一杯で、ハイポ地下室では、海上にいる米艦船からの無線交信を受け取ることは出来なかった。日本語士官で臨時的にワヒアワにいる者が関心ある米艦船の無線交信をテレプリンターで送ってくるのが最大限のものである。

ミッドウェー海戦がどのよう推移しているかに関して、ロシュフォートには三つの情報源があった。①防諜直通電話でのレイトンとのやりとりでニュースを聞く、②ワヒアワ傍受所から第一四軍区司令部に入る米艦隊の活動通信を聞く、③ミッドウェーからの海底電線で第一四軍区や太平洋艦隊司令部に入るニュースである。

ハイポに勤務し、ホームズを補佐したシャワーズ少尉

第一四軍区に入るニュース紙片は圧搾空気管

でハイポに送ってくる。シャワーズ少尉はホームズを補佐して大地図上に磁石の模型艦船を配置するプロッティングの手助けをしていた。ロシュフォートはシャワーズの机を自分の近くに持って来させ、圧搾空気管の受け取り拠点にした。少尉は七二時間待機を命ぜられた。通信文が入ればホームズの所に持って行く。ホームズは近くの大地図にプロットする。必要に応じてロシュフォートの所に運ぶ。二二歳のシャワーズ少尉はここを三日間離れなかった。軽食とうたた寝を二時間するだけだった。

六月四日早く、八時（ミッドウェー時間五時三〇分）哨戒機パイロットのアディ中尉の「敵空母だ！」の通信が届いた。すぐにロシュフォートにも伝えられ、これは掲示板にミッドウェー北西三二〇度、一八〇マイルと書かれた。

ニミッツはミッドウェーから届いたばかりの南雲艦隊の位置を、前日のレイトン推測地点と比べていた。そしてレイトン参謀に言った。「よし。君の推測と実際は時間にして五分、北西方向で五度、距離で五マイルはずれただけだ」。

レイトンはその時、アディ中尉発信のコピーをニミッツから貰った。これによれば、レイトン推測のミッドウェー北西三一五度から五度違っていたに過ぎなかった。

八時二二分（ミッドウェー時間五時五二分）別の偵察機チェース中尉から「日本機多数がミッドウェーに向かっている。位置ミッドウェー北西三二〇度、距離一五〇マイル」との第二報が入った。ロシュフォートにすぐ知らされた。アディとチェース両中尉は四隻の空母、少なくとも二隻の戦艦、相当数の巡洋艦からなる南雲艦隊を発見したのだ。

南雲艦隊は空母四、艦船二〇、これに対してフレッチャー率いる二つのTFは空母三、艦船二六である。ミッドウェーから重爆撃機B－17、急降下爆撃機、戦闘機が舞い上がった。

ハイポの地下室内は緊張した。米側は無線封止で奇襲を狙った。南雲艦隊も沈黙のままだ。六〇〇マイル後方に山本長官率いる艦隊がいた。六時三〇分（ハワイ時間九時）、ミッドウェーのイースタン島に第一撃があった。ロシュフォートとレイトンはこの日、防諜直通電話で四〇回情報交換をした。ハワイ時間の九時三〇分、ミッドウェーから海底電線電話で次のような報告があった。

「三機しか残っていない。我方急降下爆撃機（SBD）とコンタクト出来ない。ミッドウェーの二つの発電所は破壊された」

一時間後、海底電線電話で報告があった。

「アベンジャー雷撃機（TBF）六機と、B－25爆撃機四機、SBD一六機は日本軍戦闘機に阻まれたがSBDは日本空母の飛行甲板に爆弾を命中させた。この他、B-17爆撃機一六機は二万フィートの上空から爆弾投下」

七時四〇分（ハワイ時間一〇時一〇分）ワヒアワ傍受所の日本語士官は重巡利根偵察機が「テ、テ、テ（敵の意味）」と声で報告し、その後は暗号モールス信号を打った。このモールス信号をハイポは読めなかった。米のTFが発見されたのは間違いなかった。

利根偵察機はミッドウェー時間八時二〇分、「先に発見の敵は後方に空母一隻を伴っている」と暗号信号を送った。この信号も読めなかったが、前の音声報告からも、米側TFが発見されたに違いなかった。現地時間八時五五分（ハワイ時間一一時二五分）南雲は無線封止を破って山本に電報を送った。「0800、空母一、巡洋艦五、駆逐艦三の敵をミッドウェー北西二四〇マイル、北緯一〇度で発見せり」。この日六月四日に南雲が発信したのは二六通。日本海軍は五月二七日に従来の作戦暗号JN-25（b）をJN-25（C）に変更していたから解読は困難だった。

ワシントンがAFミッドウェー説に疑問を投げかけ抵抗を続け、ロシュフォートは自分の推測をニミッツに提供し続けた。これによって、ニミッツは空母を必要な位置に集中配置することが出来た。そうして、ロシュフォートが予想した地点で海戦は始まった。

マーシャル参謀総長は後に「海軍による、危機一髪の最も偉大な勝利、素晴らしい自己犠牲の行動」と言った。勝利にハイポの活躍は欠かせなかった。ロシュフォートの力がなければ、ニミッツの空母は三三〇〇マイル離れた南太平洋にいた。そうすれば、ミッドウェーもアリューシャンの要となる島も占領されていただろう。ニミッツは後に「ミッドウェー海戦は太平洋戦争における重大な海戦であった。この交戦勝利によって、その後の全てが可能になった」と言った。歴史家のフェリスも述べた。「情報が基本だ。情報、特に、ロシュフォートと米海軍通信部門から産みだされたインテリジェンスなくしてこの戦闘は起こらなかった」。

ミッドウェー沖で作戦中の空母飛龍。日本海軍の空母3隻がアメリカ軍により行動不能となり、唯一攻撃を継続した飛龍だが、のちに戦没した

六月六日、キングからニミッツへ祝電が届いた。エノモス将軍はミッドウェーに関して自分が間違っていたのを知った。祝賀会にロシュフォートを招くようにレイトンはニミッツに要望した。太平洋艦隊司令部か

ら車が差し向けられた。司令部員が見たのはヒゲを剃らず、髪はぼさぼさ、海老茶色の喫煙ジャケットにスリッパ姿のロシュフォートだった。ヒゲを剃り、髪を梳かし、軍服にあらためて出席した。ニミッツは出席者に「この士官はミッドウェー勝利に大きく貢献した者だ」と紹介した。ロシュフォートは、ハイポのチームに休暇を与え、三〜四日間は出勤するな、と命じた。オアフ島のダイヤモンドヘッドに家を持っている者がいて、ここに三〇人くらい集まって痛飲した。普段あまり酒を飲まないロシュフォートも、この時にはバーボンの水割りを飲んだ。

ミッドウェー海戦の二日後、キングの幕僚が第一四軍区司令官バーグレー少将に無線情報関係者の表彰を勧めた。バーグレーはロシュフォートに選定を委ね、ロシュフォートはホームズに委ねた。ホームズは関係者の意見を聞き、ハイポのベテランがふさわしいとした。そうなると、ロシュフォートになる。バーグレーはニミッツと相談した。ロシュフォートは反対した。戦時中に暗号解読者に勲章を与えると、敵に暗号が解読されているのを知らせることになりかねない。機密保持が重要だ。

ハイポ側から見ればネガトのここ三〜四ヵ月間活動の不正確さは問題だった。ハイポ責任者就任以来、ロシュフォートは、個人よりもチームワークの風土を作ろうとしてきた。ベルコンネンのファビアン大尉チームの貢献も大きかった。サンゴ海海戦では、助けたり助けられたりした。ネガトは余計な助言をして、ハイポとベルコンネンの仕事に文句を言った。勲章はミッドウェー勝利に貢献した者全員のものだ。直接上司である第一四軍区司令官バーグレー少将はロシュフォートの意見を無視して、六月八日、この功績はニミッツも知っているとして、名誉勲章に次ぐ顕著軍功勲章（DSM）を授与する推薦文をキングに送った。この時、ハイポの何人かにも下級勲章を申請した。

劣悪な地下室環境と激務が続き、ロシュフォートの体重は一七五ポンドから一六〇ポンドになっていた。

❖参考⑤　南雲艦隊草鹿参謀長の悔恨

南雲航空艦隊の参謀長だった草鹿龍之介は、戦後の証言で、ミッドウェー海戦の敗北原因の第一として機密漏洩を挙げて次のように語っている。

「我が海軍の重要通信が敵側によって解読されていた。（昭和一七年）五月一五、一六日頃には、ニミッツは日本艦隊の作戦概要を知って、その邀撃配備を発令し、二〇日頃には、日本艦隊の編成、進攻路、日程の詳細まで知っていたということだ。それで、南太平洋方面に行動していたエンタープライズ、ホーネットは急遽真珠湾に呼び戻され作戦準備を急いだ。また、サンゴ海で損傷したヨークタウンは五月末に真珠湾に入港し、三ヵ月も要する大修理を二日間で完成し、六月一日には作戦行動に移っている。また、ニミッツは五月初め、ミッドウェーを視察して防備強化を督励し、海戦当日には陸海軍機一二〇機を集結していた。これら兵力は、満を持して日本艦隊の出現を待っていたのである。日本艦隊は暗中模索、その罠に飛び込んだ。戦わずして勝機はすでに彼の手にあった」。(「帝国海軍提督達の遺稿――小柳資料〈下〉」〈財〉水交会、平成二二年)

10　ロシュフォートの更迭

(1) 情報センターの設立問題

海兵隊司令官トーマス・ホロコム中将はハイポ所属バンクソン・ホロコムの叔父だったが、中将は太平洋の五ヵ所、ダッチハーバー、パゴパゴ、オークランド、ブリスベーン、真珠湾に陸海軍、海兵隊に情報を提供する情報センターを創設すべき、とキングに進言した。中部、西部太平洋の島々攻略のための情報拠点にするホロコム案では、情報センターは太平洋艦隊司令部が管理すべきだとした。自分の直接指揮下に置くことをニミッツは望まず、海軍情報部が管理すべし、と考えた。情報センターは、敵兵力や施設の情報に関して、地図作成、空中偵察、写真、地理研究だけでなく、通信部情報も参考にする。ホロコム案では、通信部は情報部に機能の多くを奪われてしまう。

情報部はこのような構想を永年狙っていた。ホロコム案が出現したことにより、情報部にとって、新しい機会が生じた。かかる組織が必要となろうと考えたキングは、四月にホロコム案を認め、ニミッツに新組織を考えるよう命じた。情報部極東課長マカラム中佐に四月初めに真珠湾に行き、ニミッツと会って、ホロコム案の詳細を詰めるようキングは命じていた。

マカラムはニミッツが了承するとは考えなかった。ニミッツの望んでいたのは少人数スタッフによる小規模なものだ。ハワイの情報センターに一二〇人の専門家を置く情報部案を、マカラムはニミッツに売り込むことになったが、ニミッツは疑問視するだろうと、思っていた。マカラムは数週間真珠湾に滞在し、ドラエメル参謀長、マコーミック戦争計画参謀、デラニー作戦参謀ならびに第一四軍区司令官バーグレー少将と会談した。

ロシュフォートは批判的だった。情報部案によれば、ハイポは情報センターに吸収される。無線情報ユニットの責任者としてロシュフォートは多くの部門と関連があった。管理方面では第一四軍区司令官、作戦関係では太平洋艦隊司令部である。そもそも、ハイポは通信部に属し、その方針はネガトから指示を受ける。情報部に属するのをロシュフォートは望んだかもしれないが、情報部と通信部の権力闘争からは一線を画したかった。

マカラムによれば、ロシュフォートは五月にはホロコム案には必ずしも反対ではなかった、と言う。第一四軍区司令部にも太平洋艦隊司令部にも強い反対はなかったし、ニミッツもこの案を認めた。しかし、疑問は残った。

五月二八日、キングへの書簡でニミッツは疑問を呈した。今まで、タイムリーな情報をハイポから得ている。傍受要員、暗号解読員、日本語士官、下士官、事務官を一七〇人から四〇〇人以上にするロシュフォートの要求をニミッツは認めてきた。新しい情報センターを作ると、ハイポにとって必要な要員がハイポから引き抜かれる。ニミッツはキングへの書簡で、ハイポの人員はそのままとし、必要な要員はネガトから抜いて欲しい、情報センターは士官・下士官・兵で八人～九人以下の小規模なものとし、第一四軍区下に置くことを望んだ。

かくして、情報センターは第一四軍区司令部の配下の陸上組織として置かれることとなった。陸軍と海兵隊から連絡将校を入れ、実行は海軍が行なうこととなった。情報部が恒常的責任者を置くまで、一時的責任者を指名し、マンパワーは情報部が中心となって、ネガト、ハイポからも引き抜かれた。

情報部はニミッツの了承を喜んだが通信部は違った。通信部長のジョセフ・レッドマン（レッドマン兄）はこの新しい情報センター設立に最初から関わっていなかった。弟のジョンはネガトの責任者だ。レッドマン兄弟はハイポへの影響力を失うことになる。ハイポと情報部が管理する情報センターが気に入らなかった。太平洋艦隊は情報センターを第一四軍区支配下に置くだけでなく、マンパワーをネガトから真珠湾へ移そうとしている。これではレッドマン兄弟が面白いはずがない。

レッドマン弟を補佐するウェンガーは作戦部次長のホーン中将にメモで、「作戦に深刻な影響を与え、効率が落ちる」と報告し、「写」をレッドマン兄に送った。この兄も同意見だった。とは言うものの、新しい情報センターはキングが全面的に支援しており、全体の責任者はホーンだ。レッドマン兄弟としてはどうしようもなかった。

歴史家パーカーによれば、ニミッツを動かしているのはロシュフォートではないか、とレッドマン兄弟は疑った。ホロコム中将案と情報部案にニミッツは了承したことで、レッドマン兄弟の敵意は直接的にロシュフォートに向かい、更にレイトンにも向かった、とパーカーは言う。真珠湾での何週間かの滞在でマカラム中佐はレイトン参謀が情報部の提案に反対している、という印象を持った。レイトンは情報部と通信部の双方から悪意を持たれていた。情報センターの人員は限られたものにすべきだ、とニミッツに進言したレイトンの言葉が伝わり、太平洋艦隊情報参謀が情報部提案に反対している、との噂がワシントンで拡がった。噂を流したのは、例によってレッドマン兄弟だった。

(2) レッドマン兄弟の陰謀

六月一五日、ニミッツは情報センターの責任者にロシュフォートを指名し、ハイポと兼務させた。ロシュフォートはあまり喜べなかった。今の仕事だけでも過重だ。しかし、太平洋艦隊のスタッフになれば、ワシントンのレッドマン兄弟からの風を防いでくれる。

六月二〇日、ミッドウェー海戦から三週間後、レッドマン兄はロシュフォート更迭の動きを始めた。情報部極東課長マカラムによれば、レッドマン兄弟を始め、ワシントンの人々はロシュフォートに嫉妬していた。ニミッツが五月二八日、キングに提出した書簡に反応してレッドマンたちは「無線情報組織」と題する書簡をホーン次長に提出した。

無線情報は通信部に属すのが本筋で、使用する無線機器は通信部が管理している、という内容であった。通信解析や位置探査は通信部で訓練された人々によって運営されている。無線情報は通信部の直接的コントロールに置かれるべきだ。情報センターが第一四軍区司令部の直接的配下に置かれれば、無線情報ユニットは先任順によって、中佐で日本語研修生上りのロシュフォートの手に落ちる。日本語研修生出身者は海軍通信の技術的訓練を受けておらず、また通信解析や傍受の訓練も受けていない。レッドマン兄がかつてロシュフォートに会った記録は残っていない。海軍史を紐解けば、ロシュフォートが通信部で最初から暗号解読のパイオニアだったことをレッドマン兄は知っただろう。

レッドマン兄から見れば、ロシュフォートは大学や専門学校教育とは無縁の、かつての日本語研修生だ。レイトンも同じ日本語研修生だった。レイトンはその後、海軍情報と艦隊作戦の経歴を積んだ。レッドマン兄は言う。有能な人材が重要なポストに就くべきで、太平洋方面の組織は無線情報に関する限り、管理が劣弱ゆえに弱い。日本語が分かるだけのレイトンやロシュフォートでなく、無線情報の訓練を受けた上級士官がユニットの責任者になるべきだ。

ネガト次席のウェンガーは「より高度の情報センターの設立」と題するメモをレッドマン弟に提出した。五ヵ所に新しく設置される情報センターは、敵通信を読むだけで、暗号システムの小規模変更に必要な事務的作業をやっているに過ぎない。実際に頭脳活動をしているネガトのみがやれる高度情報センターを作るべし、とする内容だった。

レッドマン弟は通信部長のレッドマン兄を通して六月二〇日、このメモをホーン次長に提出した。六月二二日、ロシュフォートは、合衆国艦隊参謀長ラッセル・ウィルソンがキングに提出する報告を想像していた。ウィルソンとロシュフォートは関係していた時があった。一九三六年、ロシュフォートが合衆国艦隊司令官リーブスの参謀だった時、ウィルソン大佐は旗艦ペンシルバニア艦長だった。一九四〇年、自分の中佐進級が遅れたのはウィルソン艦長によるものだ、とロシュフォートは疑っていた。キングへのウィルソン合衆国艦隊参謀長・メモはニミッツとバーグレーによるロシュフォートの顕著軍功勲章（DSM）授賞推薦に関するものだった。

メモには「ロシュフォート中佐のDSM申請に自分は同意できない。確かに彼の行動は成功したが、前からあったツール（道具）を効果的に使用したに過ぎない。実際に敵と戦闘せず、偶々そこにいただけの士官に与えるほどのものではない。キャストやその後のベルコンネンやネガトもハイポ以上の仕事をした。これらの士官も多かれ少なかれ機械的テクニカルな仕事をしたのみである。暗号解読作業は書記官のやる仕事以上のものではない。勲章を授与するのではなく、キングからベルコンネン、ハイポ、ネガトへ『よくやった』のメッセージを送ったほうがよい」。ウィルソン・メモは、勲章が多すぎるとこぼしていたキングの考えを反映したものだった。キングはウィルソンの考えを了承し、ノックス海軍長官への報告で、ニミッツの申請を採用しない理由としてウィルソンの考えを使った。ロシュフォートの仕事は素晴らしかったが、多くの士官の作業を通して得た結果である、その行動や任務は敵との直接的戦闘ではない、とされた。

六月二三日、キングから「よくやった」のメッセージが届いた。後々まで、本件は、ホームズその他ごく少数の者しかその経緯を知らなかった。ハイポの人々はウィルソン合衆国艦隊参謀長がDSM授賞を阻止したのを知らなかった。第一四軍区司令官バーグレー少将からDSMは駄目だった、と聞いてハイポのメンバーは驚かなかった。どのようにして決まったのかも、三日前にレッドマン兄弟がホーン次長にメモを提出したのも知らなかった。

七月初め、ロシュフォートは「ワシントンの一友人からの個人情報だが、ある者が特別任務を帯びて、君と私の査察に来るということだ」とレイトンに伝えた。ある友人とはサフォードと思われる。二人は相談した。二人が非常に緊密な仲にあるのをワシントンでは好まないと考え、その反対の印象――仲がそれほど良くない、を示そうとしようとした。質問されたら、「公務でやっているので、真の個人的友人ではない」と答えることにした。

通信部はリッチマン兵曹長を寄こした。リッチマン兵曹長はレイトン参謀を訪れ、近く創設される情報センターに必要な機器・装備を尋ねたりしていたが、話題を変えロシュフォートとの関係について尋ねた。レイトンは打ち合わせのように「仕事上の付き合いで、個人的友人ではない」と答え、ロシュフォートも同じ返答をした。これは、後になってロシュフォートの大きな誤算になった。ワシントンに帰ったリッチマンは、「二人はうまく行っていない」と報告し、二人の仲が良くないという噂がワシントンで拡がった。

真珠湾所在の太平洋方面情報センターは七月一四日に開所され、七月二五日、ロシュフォートは臨時所長に任命された。地下室での何ヵ月かの激務でロシュフォートにはパラノイアの兆候があった。新しい任務はワシントンが自分を通信情報から放逐する策謀だと考えるようになった。

開所四日後の七月一八日、通信部長レッドマン兄は人事局（航海局が戦時中人事局と改名された）に行き、ゴギンス中佐を太平洋方面情報センター長に発令して欲しいと伝えた。人事局は第一四軍区からでも太平洋艦隊司令部からでもない要求を無視した。日本海軍通信に関する高度な分析能力を持つロシュフォートを更迭して、平凡な通常通信の経験しかないゴギンスに変えようとしていると人事局は思ったのだと、歴史家パーカーは言う。

ゴギンス中佐は巡洋艦マーブルヘッドの副長だったが、開戦早々のジャワ沖海戦で重傷を負った。帰国して艦船局無線課に移り、暗号解読に慣れるため、ネガトに配属された者だった。通信部の要求には合理性がないので人事局は動かなかった。太平洋方面情報センター長になってからもロシュフォートは日本海軍通信の仕事を続けた。五月二七日より日本海軍の暗号がJN-25（C）に変更されたので解読は困難になっていた。

七月五日、午後、ロシュフォート・チームはJN-25（C）に関して大きな成果を得た。日本軍がガダルカナルに上陸したとの無線連絡を解読したのだ。注目すべきは上陸軍に工兵隊がいて、飛行場建設を目指していた。ニュースはサンフランシスコで会談中のニミッツとキングに報告される。ガダルカナルに飛行場が出来れば、ポートモレスビー攻撃が容易になり、米豪交通線が危うくなる。八月七日、第一海兵師団がガダルカナルとその沖にある小島ツラギに上陸した。日本海軍の暗号がJN-25（C）

となって一〇週間後の八月一四日、日本海軍は再び主要暗号をJN-25（d）と変更した。

❖参考⑥　シカゴ・トリビューン紙事件

ミッドウェー海戦直後の六月七日、シカゴ・トリビューン紙はトップ一面に、海軍の信頼すべき情報源として、米海軍は日本軍の来襲と南雲艦隊の構成まで前もってつかんでいたと大々的に報じた。見出しには、「海軍は日本軍の海上攻撃計画の通信を知っていた」と書いており、ニミッツから艦隊へ発信した日本軍の意図と日本軍の戦闘序列に関するニミッツの通信内容が一語一句、通信文通りに書かれていた。キングは仰天して何処から漏れたかの捜査を厳命した。米軍が暗号を解読していることを日本軍が知れば、苦心惨憺して解読した暗号を変更するに違いない。サフォードはすぐ考えた。レッドマン兄弟はこれをロシュフォートのせいにしたいだろう、と。レイトンも同じ考えだった。自分とロシュフォートがリークしたに違いないとレッドマン兄弟は考えたのではないか。

サンゴ海海戦でレキシントンは沈んだ。レキシントン副長だったセリグマン中佐は輸送船バーネットに救助された。五月三一日ニミッツからフレッチャーとスプルーアンスに送られた電文はバーネットにも受電され、セリグマン中佐に手渡された。中佐は不注意にも、偶々バーネットに乗船していたシカゴ・トリビューン紙のジョンストン記者に見せたのだ。この日から六日後の六月一四日、日本海軍はJN-25(C)をJN-25(d)に変更した。日本軍は暗号が解読されていたのを知り、急遽暗号を変更した可能性がある。

サフォードやレイトン、それにロシュフォートは、レッドマン兄弟のミスだと思った。しかし、ダイヤーの考えは少し違った。暗号システムの変更はミッドウェー海戦の直後になされたもので、シカゴ・トリビューン紙のリークとは関係ない。新しい暗号コード書をマーシャル方面からインド洋の海上に点在する多くの艦船に配布するには時間がかかる。変更はシカゴ・トリビューン紙事件に余りにも近い間に行なわれている。サフォードは、シカゴ・トリビューン紙事件を奇貨として、レッドマン兄弟はロシュフォートを罠にかけようとするのではないか、と心配した。

シカゴ・トリビューン紙の社主マコーミックは孤立主義者でルーズベルトに批判的だった。ノックス海軍長官は一代でシカゴ・デイリーニュース紙を大新聞に育て上げた新聞屋だ。シカゴ・トリビューンとシカゴ・デイリーニュースが競争紙だったことも問題を複雑化した。シカゴ・トリビューンの記事を転載したニューヨークのデイリー・ニュース紙社主はマコーミックの従兄パターソンだったし、同じくこの記事を転載したワシントンのタイムズ・ヘラルド紙社主はパターソンの妹だった。告訴し、マコーミック社主とジョンストン記者に刑事罰を科せば、社会的に大問題になり、暗号を解読していたことを天下に知らせる結果となる。問題は不問に付された。

海軍省はセリグマン中佐を大佐に決して昇進させぬこととし、セリグマンは終戦を待たず、一九四四年に現役を去った。

問題は、日本海軍情報部の怠慢さだ。シカゴ・トリビューンのような敵国の一流紙を読んでおくことは情報マンの基本中の基本。ワシントン駐在海軍武官補だった実松譲中佐によれば、駐米大使館ではシカゴ・トリビューンの他数紙を講読していた。

米国紙は中立国スウェーデン大使館を通じて容易に購入できる。中立国ソ連のシベリア鉄道便を利用すれば一ヵ月後には軍令部米国情報課員の机に届く。筆者も民間会社時代、ウォールストリート・ジャーナルを船便で購入したことがある。

航空便と比べると、ニュースは遅れるが安価だ。見出しだけには目を通すようにしていた。もちろん、隅から隅まで読む必要はない。重要と思われる部分をチェックすればよい。シカゴ・トリビューンのミッドウェー海戦記事など、一面にでかでかと出ている。しかも、軍令部はミッドウェー海戦の敗戦に衝撃を受けていた時だ。暗号が解読されていたのが、素人でも分かる。日本海軍の情報士官でこれを読んでいた者は誰もいなかった。

日本海軍の情報部は戦争している敵国のシカゴ・トリビューンすら読んでいなかったのだろうか。外務省の米国課でも中立国スウェーデン大使館を経由して購読していれば、すぐ、軍令部米国課に知らせるはずだ。日本政府の外交、軍事中枢の情報に関する怠惰に嘆息する。

第一次大戦後のワシントン海軍軍縮会議代表団への外交暗号が米国に読まれているのを日本側が知ったのは、調印後である。米側によって暗号が解読され、ミッドウェー海戦敗戦に到ったこと、山本長官機が邀撃されたことなど、日本側が知ったのは敗戦後であった。いかに日本人が情報戦に甘いかの一例である。(谷光太郎『アーネスト・キング—太平洋戦争を指揮した米海軍戦略家』白桃書房、一九九三年)

(3) ロシュフォート更迭の動きが加速

一九四二年九月一〇日、レッドマン弟は大佐に進級して、太平洋艦隊通信参謀に補された。前任の通信参謀はカーチス大佐。カーチスの前任は通信部長レッドマン兄の下で次長になったホールデン大佐。また、無線情報に経験のないゴギンス大佐がレッドマン弟の後任としてネガトの責任者になった。

九月初旬、太平洋地域情報センター長にはヒーレンケッター大佐が任命された。ヒーレンケッターは、戦後創設されたCIAの初代長官に就任する人物である。

太平洋艦隊通信参謀になったレッドマン弟はワシントンを離れる時、ウェンガーと策謀し、真珠湾に赴任すると二人しか分からぬ暗号で太平洋艦隊無線通信システムを使用して交信を始める。レッドマン弟はロシュフォートを非協調的でハイポ責任者としては不適だと伝えた。

ゴギンス大佐がハイポの長となる辞令が出て、一〇月一八日真珠湾に赴任して来た。ロシュフォートは自分の仕事が不十分なら他所へ移してくれ、とニミッツの新参謀長になったスプルーアンス少将に伝えた。第一四軍区司令官バーグレーは驚いた。バーグレーはハイポ責任者にはロシュフォートが適任だと強く思っており、残したかった。ニミッツもそうだった。ハイポ長にゴギンス大佐がなる、との知らせを受けたバーグレー少将は人事局に辞令の変更を要求した。

バーグレーとニミッツはゴギンスをロシュフォートの後任にするよりも、新しく創設された太平洋地域情報センターの次長にするのを望んだ。バーグレーの要望電は一〇月一九日に人事局に届き、ゴギンスは人事局発令19005０によって、ヒーレンケッターの次長となった。バーグレーの要望にネガト次席のウェンガーは驚いた。一〇月二〇日、レッドマン弟は秘密裏にウェンガーにアドバイスした。

「人事局発令1900５０を見よ、自分はホーン次長に個人電を今日送るから待て」

この個人電により、レッドマン弟は、兄の六月二〇日付ホーン次長宛メモと同じことを言った。レッドマン兄はネガトとハイポの間が調整困難と訴え、経験豊かな通信士官をハワイの第一四軍区に送り、無線情報の管理者に据えることが大事だとし、ニミッツに反対して欲しいとホーンに頼んだ。海軍作戦部次長ホーン中将は、レッドマン弟の言を聞いた。

一〇月二二日、ロシュフォートはバーグレー少将からの命を受ける。①出来るだけ早く飛行機でロスに向かい、ロス経由でワシントンに行け、②ワシントンでホーン次長に会え、③これが終わったら、サンフランシスコへ行き、第一二軍区に挨拶せよ、④サンフランシスコから政府機あるいは民間機でハワイに帰り、今の仕事を続けよ。

有難い話と思うものの、真珠湾での仕事は終わったとロシュフォートは思った。理由は次の二つだった。①レッドマン弟は太平洋艦隊通信参謀になったが、通信参謀の仕事よりも、ハイポの仕事に異常な関心を示し、ハイポの独立性を低めようとしている。②一〇月一四日に着任したゴギンス大佐はハイポ責任者となるべくハワイにやって来たのかも知れない。

ゴギンスは第一四軍区に着任挨拶をすませると、バーグレーからヒーレンケッター補佐の次長になるように命令された。ゴギンスはレッドマン弟に訴えるだろう。ロシュフォートがバーグレー少将からワシントン行きを命令されるまで、ゴギンスの立場は不明確だった。ゴギンスをロシュフォートがどう思っていたかは分からない。ロシュフォートがハイポ長だった間、ゴギンスは地下室に現われなかった。ゴギンスはロシュフォートと距離を保っていた。

レッドマン弟は、艦隊通信システムを誤って、ニミッツへの電報をパスさせ、ニミッツの激怒を買い、二週間、ニミッツはレッドマンと口をきかなかった。何ヵ月かの後、ホーン作戦部次長に、ニミッツは次のような書簡を送った。

「私の通信参謀が彼だけが知っている暗号書を使用して、ワシントンの通信部や通信情報組織と交信しているのを貴方の通信部長が発見した。太平洋艦隊通信参謀が、了承なく私のコールレターを使用して暗号で海軍内の個人に通信していたのはショックだった。許可なく私のコールレターを使用するな、と厳命した。使用されていた通信文はほとんど消去されているので、どんな内容か分からない」

ニミッツ書簡が届く前から、ホーンはレッドマン弟とウェンガーとの間の隠密通信の様子を知っていた。なぜホーンが知ったかというと、レッドマン兄の後任通信部長ホールデン大佐が一〇月後半にレッドマン弟とウェンガーとが交信しているのを知ったからだ。

ネガトでも問題が起こっていた。ネガト長はゴギンスからストーン大佐に変わっていた。サフォードによれば、ストーンはレッドマン・ウェンガーグループではない。ストーンはレッドマン弟からウェンガーに宛てた電文に「どんなことがあってもロシュフォートを追い出せ」とあるのを知り、ホールデン通信部長に報告せよとウェンガーに命じた。ホールデンは個人暗号文書の破棄と交信のストップを命じた。

ホーン次長のロシュフォートへの見方はレッドマン兄弟と同じだった。レッドマン兄弟によるハイポ改編を目論む、今までの経緯を書いた個人書信を真珠湾にいるレッドマン弟から受け取っていた。レッドマン――ウェンガー交信と同じ内容の手紙も内封されていた。

ホーンはレッドマンの意見を了承し、キング作戦部長に伝えた。キングも同意し、ニミッツに手紙を書いた。この一〇月二八日キング書簡は航空便で送られた。

バーグレー少将の命令でワシントンに出発する時、ロシュフォートは友人や仲間に「もう真珠湾には戻ってこない」と言い、後に「私も帰れないことを知っていた」と言った。挨拶に行くと、「忘れちゃいかんよ。君は帰ってくる。私はニミッツにも言ったし、ニミッツも君が戻ってくるのを望んでいる」とバーグレーはロシュフォートに伝えた。ダイヤーもホームズもロシュフォートが一時的任務でワシントンに行くのを驚いた。ネガトから人材をハイポに回してくれる可能性を願った。

一〇月二五日、ロシュフォートは真珠湾を離れた。一五日間の休暇を取り、カリフォルニアに住む妻や娘と会い、兄弟の所へも挨拶し、父の墓参りをした。一〇月一六日、妻から父が九〇歳で死んだとの電報を受け取っていた。

ワシントンでは古くからの友人で情報部次長ザカリアス大佐と会い、「君はワシントンの海軍作戦部勤務になった」と聞いた。ロシュフォートの海軍作戦部転任に関して、情報部、太平洋艦隊、第一四軍区司令部にも事前の相談はなかった。自分のワシントンでの作戦部勤務には驚かなかったが、新通信部長ホールデン大佐と会い、真珠湾のレッドマン弟とネガトのウェンガーの間に秘密通信網が整っていたのを知り、レッドマン弟から何通もの通信があったこと、また第一四軍区司令部からゴギンスの太平洋地域情報センター次長任命を急がせる通信があったことも知って驚いた。

ホールデン通信部長はウェンガーに対し、レッドマン弟からの通信文の焼却や、今後の交信はまかりならぬと命じたと、ロシュフォートは真珠湾のホームズに書信で知らせた。

ネガトに行き、知らない二人の新責任者ストーン大佐と次席のウェンガーとも会った。ストーンは後に、「ネガト・ハイポ間に個人的敵意があったことは何も知らなかった」と言い、「ネガトにロシュフォートに対する陰謀があったのか」との質問に「そのような動きがあったのは知っていたが、彼が更迭されるまで深刻なことだとは思っていなかった。そんなことは次席のウェンガーに委ねていた」と答えている。ウェンガーも後に、「自分は傍観者に過ぎなかった。ニミッツの通信参謀レッドマン大佐の勧告の結果だと思う。レッドマンとロシュフォートの間に何があったか、何も知らない。ロシュフォートがワシントンに来た時、私と話をするのを彼は拒否した」と言った。もちろん、これは嘘で、ロシュフォート更迭にはウェンガーが深く関わっていた。レッドマン弟の六月二〇日メモをウェンガーがホーン次長に渡したのがロシュフォートの更迭に繋がり、レイトンにも影響を及ぼした。レッドマン・メモの内容はウェンガーが書いたものなのだ。

九月三日、ウェンガーは「ハイポと討議する諸事項」と題するメモを書いた。ハイポをネガトのリーダーシップに従わせることを狙ったもので、レッドマンに提出している。レッドマンが太平洋艦隊司令部からネガトに送った秘密通信の宛先はウェンガー以外に考えられない。

ロシュフォートはウェンガーを敵陣の者と考えていた。ワシントンでホールデン通信部長、ストーン・ネガト責任者、ウェンガー、それにキングの個人的情報参謀ジョージ・ダイヤー大佐と話しあった。ダイヤー大佐は、様子をキングとホーンに、「真珠湾に帰れないのなら、ワシントンのネガトの仕事は出来ない。陸上での仕事はやりたくない、海上に出たい、とロシュフォートは言った」と報告した。

通信情報に携わった士官は戦闘地域で勤務させない、との方針をキングには持っていた。これらの士官が捕虜になり、拷問を受ければ米海軍が主要作戦暗号を解読しているという重大な秘密が洩れてしまうからだ。

ロシュフォートはニミッツが自分を充分に守ってくれなかったと思った。しかし、知らなかったこともあった。真珠湾を出発して後、一一月三日ないし四日までロシュフォートの更迭をニミッツは知らなかったのだ。知った時点ではどうしようもなくなっていた。

キングは一〇月二八日付書信でニミッツに伝えた。「貴官は真珠湾の無線情報状況を完全に評価していないかも知れない」と書き、「ロシュフォートの更迭が噂やゴシップによるもの」と説明した。

「私への書信は、個人的なものとか、ホノルル・ワシントン間で交された手紙とか非公式のもので、太平洋から帰還した士官たちによるコメントもある」とし、「非公式的なものではあるが、作戦部次長（ホーン）が創設した太平洋方面情報センターの円滑な運営にロシュフォート中佐は反抗的との書信もある。些細な嫉妬やつまらぬ口論はワシントンとホノルルの無線ユニット（ハイポ）の共同作業を弱めてきた。ホーン海軍作戦部次長は、ワシントンとハイポ間の対立を緩和するため、ゴギンスをハイポ長に任命した。ロシュフォート中佐がホノルルの無線情報ユニットで多くの成果をあげたことは明らかだが、彼が共同作業の障害になっているようだ」

キングはロシュフォート問題の戸をぴしゃりと閉めるだけでなく、「太平洋艦隊情報参謀レイトン中佐の態度も協力的でない。彼の非協力も報告されている」と書いてレイトンの更迭も迫った。ニミッツはレイトン参謀を呼んでワシントンの敵のことを知らせた。

「レイトン、君はワシントンに敵を作ったね。なぜ、彼等は君を追っ払いたいのかね」

レイトンはレッドマン一派の陰謀の意味が分かっていなかったので、驚愕した。

「恐らくキング提督は立派な駆逐艦を見つけ、私に指揮をとらせたいのでしょう」とレイトンは応えた。ニミッツは、机から自分の肖像写真を取り出して、その場でサインした。

「エドウィン・T・レイトン中佐に。情報参謀として君は巡洋艦戦隊よりも私にとって貴重である」。

サインした写真を手渡し、「自分の部屋に帰れ。この件では何も考えるな」と言った。

臨時的任務を与えられ、ワシントンへ行ったが、ロシュフォートの所属は今でも第一四軍区で、ここはニミッツの管轄外だ。ロシュフォート更迭のための今までの手法とか、自分に相談されなかった事実に対して、キングやホーンそれに新情報部長トレイン少将のやり方にニミッツは愉快でなかった。ロシュフォートの顕著軍功勲章（D

SM）授賞を推薦していることもあった。

ニミッツはキングに書信を書いた。

「ワシントンと真珠湾の無線情報部門間の嫉妬やくだらぬ口論に関して貴官が示して下さった以上の情報を持っていない。しかし、小官は真珠湾にいて充分監察している。ロシュフォート中佐が責められるとすれば、何もやらなかったことよりも、余りに多くをやったことだと思う」。

ニミッツはトレイン情報部長にも伝えた。

「何の事前報告もなく、ロシュフォートの更迭を最終的に決定したホーン次長に自分の苦情を伝えて欲しい」。

ホーンからニミッツに、紳士的な書きぶりながら傲然とした内容の連絡があった。

「無線情報組織の運営は作戦部次長（ホーン）の権限である。ワシントンのメインユニット（ネガト）は努力の最大限の効率化を調整するためハイポやベルコンネンをコントロールする。ゴギンス大佐はロシュフォート中佐の後任として撰ばれた。なぜなら、よき管理者だからだ」。

ニミッツはホーンに応えた。

「ロシュフォート中佐が私の参謀とは考えていないが、彼の組織（ハイポ）には大きく頼っていた私に一言の相談もなく更迭されるのを知って愉快ではない驚きだった。私の知る限りロシュフォート中佐と情報参謀レイトン中佐との間には寸毫の摩擦もない」

ニミッツは怒りっぽいキングが許す範囲で反証をあげてロシュフォートを弁護したのだった。某日、ロシュフォートの顕著軍功勲章授与へのさらなる対策についてレイトンが尋ねると「戦争に勝つのが第一。時間が来ればやる。しかし、今はこれに関われない」とニミッツは言った。

ロシュフォート更迭問題は終わった。地下室のメンバーはボスがワシントンへ出発してから二週間、何も知らなかった。ヒーレンケッターがゴギンスを連れて地下室にやって来てホームズに君の新しいボスだと紹介した。ホームズはからかわれている、と思った。

海軍作戦部から通知があって初めてゴギンスがハイポの責任者になったのを知った。すぐに、ロシュフォート不在中に臨時責任者だったダイヤーの所にゴギンスを連れて行った。ダイヤーも面食らった。ワシントンで何があったかを知らせる一一月一六日付ロシュフォート書信を見るまで、ホームズは何が何やら分からなかった。ハイポ地下室では新しいボスへの評価が二つに分かれた。

ロシュフォートが一時的にワシントンに行っている間、ハイポの能率は落ちたとダイヤーは思った。日常的、事務的仕事をこなすのが仕事ではないハイポのような組織では、リーダーシップの存否が与える影響が大きい。

ダイヤーは言う。ロシュフォートには、通信情報全てに関わるオールラウンドの熟練と腕前があり、暗号、通信からの分析力と日本語能力がある。記憶力と直感力と日本語能力を使って部分的に解読された断片に血を通し、肉を付ける。ハイポはロシュフォートの技量と分析力と情報サポートを失った。誰も彼に代わることは出来ない。通信関係経歴はあるのだが、暗号解読の背景はなく、日本語も知らないゴギンスがロシュフォートに代われるはずがない。

ホーンがニミッツに言ったように、新所長ゴギンスは管理者タイプの士官であって、ネガトとハイポとの間の調整を期待されたに過ぎなかった。ゴギンスはレッドマン兄弟による個人的選抜で真珠湾奇襲時にネガトに入った人である。

通信部長レッドマン兄が完全にコントロール出来る人物を投入しなければネガト、ハイポ、ベルコンネン間の調整が困難とレッドマン兄弟は考えた。ウェンガーによれば、こんな状況下でゴギンスの名前が挙がったのだと言う。皮肉にもゴギンスはロシュフォートに助けられた。一一月一六日付ホームズ宛書信で「君は私に対してそうであったように、ゴギンスに忠実であるのを望む」とロシュフォートは書いた。この言葉は、動揺のあったハイポをゴギンスが円滑に受け継ぐのに支えとなった。「幸い、ゴギンスは有能な行政屋であって、海軍通信の専門家だった。私は親友になった」とホームズは言った。

艦船プロッティングを担当し、ハイポと外部の連絡役だったホームズと異なり、ロシュフォートを補佐し暗号解読等に取り組んで来たダイヤーは違った。ダイヤー中佐にとって、新所長ゴギンス大佐は、そこにいるだけの人だった。中佐が大佐に対してなすべき最小限の礼儀で接した。ダイヤーによればゴギンスは無邪気な門外漢。小群衆中の一人だったと結論付けせざるを得なかった。新ハイポ所長は古き時代の海軍のやり方を望んだ。コーヒーを配る役目のある下士官が「コーヒーを一杯いかがですか」と尋ねると、「コーヒーを一杯いかがですか。大佐殿と言え」と厳しく叱正された。ハイポ・メンバーにも自分の階級を付けて言え、と命じた。これが、ロシュフォートとゴギンスの基本的相違だと下の者は言う。ゴギンスは万事、海軍風でありロシュフォートは違った。階級で仕事をしなかったのがロシュフォートだった。

日常のルーチン業務を適切に捌くのにゴギンスは適任だったが、未知の分野を切り拓く、ひらめきと創造性が求められる分野には向いていない。要するにロシュフォートと対照的なのがゴギンスだった。

(4) 小さな造船所所長として新型浮ドックを建造

四二歳のロシュフォートは一九四二年一一月二八日、サンフランシスコ行きを命ぜられたが、どんな任務か伝えられなかった。西部フロンティア海域司令官で第一二軍区司令官を兼務するグリーンスレード少将に着任挨拶に行くと、ハワイの太平洋方面情報センターのようなものを作れ、と命ぜられた。

カリフォルニア南部からアラスカ北部までの西海岸防衛を担当するのは、海軍第一二軍区(サンフランシスコ)、第一一軍区(サンディエゴ)、第一三軍区(アラスカ)である。

ミッドウェー海戦に敗れた日本は、米本土攻撃は考えていない。西海岸に、ハワイの太平洋方面情報センターのようなものを作るのには疑問を持ったが、グリーンスレードはそれを望んだ。ロシュフォートは心穏やかでなかった。第一二軍区、第一一軍区、第一三軍区の高官と会合を重ねた。

一九四三年五月下旬、ホームズから真珠湾に戻ってこないか、との手紙を貰った。

一九四二年一〇月、南太平洋艦隊司令官がゴームリーからハルゼーに替わった。ニューカレドニア、ヌーメアの司令部に最近情報を入れる必要性が増していた。ホームズは、然るべき人が然るべきポストに就くべきで、あなたがベストの人だと思うと書いていた。最終的にはニミッツの判断なのだが、ホームズはニミッツに言う前にロシュフォートの気持ちを尋ねておきたかったのだ。六月二日付書信でホームズに返事し、断った。同じ組織に二度任命されるのは、望まない。真珠湾では信頼を失ったのだ。ロシュフォートは南太平洋の最前線での巡洋艦勤務を希望した。発令となったのは、巡洋艦ではなく、浮ドックだった。一九四三年五月一八日、西部フロンティア司令部から、六月七日にワシントンに行き、施設・ドック局のモレール局長に会うようにとの発令があった。

新しい浮ドック第一号は五月一〇日にワシントン州エバレットの造船所にて完成済で、モレール局長はロシュフォートに新型浮ドック第二号の建造を頼んだ。サンフランシスコ湾に突き出るチブレン半島にある造船所で、浮ドック建造の責任者となった。カナダとの国境に近いピュジェットサウンドのブレマートン海軍工廠で一〇個のブロックが作られる。このブロックをチブレン半島まで曳航し、ここで一〇個のブロックを接合して長さ九二七フィート、幅二五六フィートの浮ドック（九万トンまでの艦船に対応可能）に完成させる。前線での艦船修復を迅速化させるため、米海軍は第二次大戦中に各種の浮ドック一四七隻を完成させ、前線に配置した。そうすれば、真珠湾や西海岸まで帰して修理する必要がなくなる。

浮ドック乗組員の訓練も行なった。一九四三年八月に工事を始め、一〇ヵ月で完成させた。モレール局長はロシュフォートの手腕を認めた。

一九四四年五月二日、浮ドックはサンフランシスコを出て、六ノット弱の速度でアドミラリティー諸島のマヌス島に向かった。六月二二日マヌスに到着し、九月一三日から補修作業が可能になった。

（5）再び通信部勤務へ

一九四四年三月二八日、ワシントンに行き、キングと会うよう伝えられた。四月一九日、情報部極東課勤務となり、妻、義母、娘ジャネットとワシントンのアパートで住むこととなった。息子はニューヨーク市北部のウエストポイント陸軍士官学校に在学中だった。極東課ではあまり役に立たぬと感じた。すぐに通信部に転勤となった。

通信部長は再び、レッドマン兄が海上から帰ってそのポストにいた。ＡＦミッドウェー説を拒否したのは当時通信部次長のレッドマン兄とネガト長レッドマン弟だった。二年前にレッドマン兄弟はホーン次長に日本語研修生出身者は重大な通信情報に適していない、とメモを提出している。

ロシュフォートによれば、レッドマン兄弟は、個人的栄誉、昇進、給与を動機として動く日和見主義者だ。レッドマン通信部長はネガトの下部組織OP－20－G50の責任者に任命した。ネガト長は、ストーン大佐の後任となったウェンガーだった。

ネガト配属となって五ヵ月後の一九四四年九月二三日、レッドマン通信部長から祝辞が届いた。ノックス海軍長官の急死により、新海軍長官となったフォレスタルがロシュフォートの大佐昇進を認めたのだ。レッドマン通信部長はロシュフォートのOP－20－G50での仕事を認め、大佐昇進を申請していたのである。今まで毀誉褒貶の多かったロシュフォートはワシントンでは上級者との衝突を避けるようにした。

一九四四年一一月一四日、キングは、OP－20－G50の改編を命じ、陣容三〇〇人を擁する太平洋戦略情報課（PSIS）となった。敵が明日どう行動するかをニミッツに報告するハイポの仕事と異なり、その任務は長期的視点からの暗号解読や語学にあった。

今までは時間がなかったので出来なかった、全ての日本の暗号に対処するようになった。合衆国艦隊司令部のシーバルト中佐にはその求めに応じて、「最近のドイツ情勢を日本がどう見ているかの研究」、「日本海軍が音響機雷の掃海に関して成功事例の研究」、「日本における現在の石油保有の研究」といった研究レポートを提供した。

ロシュフォートを部下はどう見ていたのか。部下にやる気を起こさせ士気を高める人、と多くの部下は見た。またハイポ時代と同様、格式張った要求をしないのも部下は有難かった。若手士官に対しても、「俺はこの分野の専門家だ」という高慢な感じを与えなかった。

PSISのメンバーの一人に太平洋戦争史家になったピノーがいた。ピノーによれば、部下の仕事をコメントする時、良い場合でも悪い場合でも叔父が甥に対するような雰囲気で問題を指摘したと言う。部下の机の前に来ると友人のように肩を叩き、何時も微笑を湛えていた。ピノーはニミッツの情報参謀だったレイトン、歴史家コステロと三人でAnd I was Thereという太平洋戦争中の情報戦の本を書き進め、レイトンが死んでからは、コステロと二人で完成させた。この本はハイポでのロシュフォートの業績を詳細に分析した最初の文献である。

ロシュフォートは自分の海軍での経歴を決して話さなかった。毀誉褒貶のあった過去についても同様であった。前述したかつての部下ピノーによれば、ロシュフォートは同階級者には友好的だった。保守的な海軍内の上級者はほとんど海軍兵学校出身だが、ロシュフォートはそうではなかった。

ピノーは、上官ロシュフォートの専門知識の信頼性を疑ったことは一度もなかった。日本語と日本人をよく知っていた。「一九四一年から四四年までの日本潜水艦の活動」と題するレポートを太平洋艦隊のレイトン情報参謀に送ろうとした時、ピノーは、ある上級者から「送るな」と言われたが送った。この上級者はレッドマン兄かホーン海軍作戦部次長と思われる。というのは、二年前、キングはレイトンを太平洋艦隊情報参謀からの放逐を望んでおり、これはホーンやレッドマン兄に周知のことだった。

一九四五年初め、太平洋艦隊司令部は真珠湾からグアムに移動した。この頃でもワシントンには反レイトン感情が残っていた。レイトンはロシュフォートと自分だけに分かる隠語で「ロー・ケーサー（下っ端）は間もなく太平洋艦隊司令部から離れる」と伝えた。太平洋艦隊通信参謀レッドマン弟は戦艦マサチューセッツ艦長として出ていった。一九四四年三月にネガト長をウェンガーに譲り、戦艦ウィスコンシン艦長になっていたストーン大佐が一九四五年三月、レッドマン弟の後任太平洋艦隊通信参謀になった。

一九四五年五月六日、ロシュフォートは合衆国艦隊司令部のシーバルト中佐から、「日本の食糧、石油、ガソリン、鉄鋼、アルミ、石炭、その他重要資源の現状、艦船状況」について五月九日までに報告して欲しいという要求を受けた。レイトンは戦争終結までニミッツの情報参謀であった。司令部が真珠湾からグアムに移動した時もニミッツはレイトンを連れて行った。東京湾ミズーリ艦上での降伏式にも、ニミッツのはからいで出席した。

11 太平洋戦争終了後のロシュフォートとレイトン

（1）現役復帰し、日本語文献の翻訳担当に

終戦一ヵ月後の一九四五年九月一五日、ロシュフォートは人事局長に、第一希望・重巡洋艦、第二希望・軽巡洋艦、第三希望・その他艦船乗組の希望を申告した。輸送艦艦長の内辞があったが、キャンセルされ、海軍作戦部の艦船建造、修理、廃艦の調整部署配置となった。これは戦時中は重要な部門だったが、平時では全くの閑職部門である。影響力のある有力な提督のバックがないので、今後将官への昇進は期待できない。一九四六年六月二四日、退職を申し出、七月九日に認められた。一九四七年一月一日の退職リストに載せられた。

海軍生活二八年、四六歳になっていた。ロサンゼルスの南、マンハッタンビーチに

家族と共に移り住んだ。

一九四八年秋、四八歳で南カリフォルニア大学国際関係学部に入学。特別コースでロシア語と高等数学を学んだ。しかし二年間で辞めた、自分よりはるかに知識のない教授の講義は聴くに堪えなかった。

一九五〇年六月二五日、朝鮮戦争勃発。海軍作戦部長から情報関係の人を求めているのでどうか、との誘いがあり受けた。一九五〇年一〇月一六日に現役復帰。一九五一年一月四日、ラドフォード太平洋艦隊司令長官からの命でハワイに赴任。極東各地に情報部門創設のため二〇年ぶりに日本へ行った。

海軍大学のベーツ准将は海大の特別プロジェクト班（大佐二人、中佐二人）を率いて太平洋戦争の主要海戦の分析をしていた。サンゴ海海戦、ミッドウェー海戦、サボ島沖海戦は済んでおり、レイテ沖海戦が残っていた。ベーツは日本海軍側からの視点での助力を求めてきた。ロシュフォートの仕事は日本語文献を翻訳し、日本提督の行動理解に供することだった。予算逼迫のため、この仕事は二一ヵ月で終わった。一九五三年三月二日、現役は終了した。五三歳だった。海軍大学のあるニューポートからロサンゼルスのマンハッタンビーチに戻った。

一九二〇年代にロシュフォートを暗号分野に導き、最も古い友人だったサフォードも同じ一九五三年に大佐で退役した。

ロシュフォートの息子のジョセフ・ジュニアはウエストポイントを卒業し、朝鮮戦争、ベトナム戦争に工兵将校として戦った。一九七三年大佐で退役し、マンハッタンビーチに比較的近いサンディエゴで一九九四年に死んだ。娘ジャネットは医者と結婚した。妻フェイは一九六九年に死去。

ロシュフォートは20世紀フォックスの映画「トラ・トラ・トラ！」の考証をした。この映画の日本海軍側部分は黒沢明が監督していたが、黒澤の凝りぶりと撮影期間の長期化に20世紀フォックスがしびれを切らし、黒沢を更迭して話題となった。黒沢が自殺を図ったのはこの時である。筆者は国立大学教授時代、情報の重要性を教えるため、大学院のゼミ生に黒沢更迭後の監督によるこの映画をビデオで見せたことがある。映画では日本外務省の機密電報が解読されていた様子がリアルに演出されていた。

ミリッシュ社の映画「ミッドウェー」では、ロシュフォート役を演じた俳優の演技指導もした。

(2) ロシュフォートの死

一九七六年七月二〇日、ロシュフォートは心臓発作で死去。享年七六。七年前に死んだ妻の墓の横に埋葬された。

航空部隊を率いたミッチャー（ＴＦ38）とかマケイン（ＴＦ58）は戦後間もなく心臓発作で急死している。激務の緊張からのストレスが集積していたのだ。キングも同様に脳溢血で倒れ、生ける屍となったままベセスダ海軍病院で一〇年間過ごして死んだ。太平洋戦争中、海軍次官からノックス長官の急死により海軍長官となり、戦後は初代国防長官に就任、その重圧でノイローゼとなったフォレスタルが入院中に投身自殺したのもこの病院である。

長寿だったのは後方にいたニミッツ。ロシュフォートは短命ではなかったが、環境の悪いハイポ地下室での激務が健康を蝕んでいた。ロシュフォートの敵役だったレッドマン兄は一九六八年に、弟は一九七〇年に、ウェンガーは同じ一九七〇年に世を去った。

レッドマン弟は兄がかつて務めた通信部長となり、戦後は統合参謀本部電子通信部長になって一九五九年に中将で退役したが、顕著軍功勲章（ＤＳＭ）は貰えなかった。レッドマン兄は一九四六年に少将で退役し、ＤＳＭを貰った。その後、ウエスタンユニオン鉄道に入社して副社長として二〇年間勤務した。一九五八年に少将で退役したウェンガーはネガトへの権力集中を意図・計画したレッドマン兄弟の謀臣であった。サフォードをネガトの閑職に追いやり、後任にレッドマン弟を据え、自分は次席になった。レッドマン兄弟と組んでネガトの権力集中のためロシュフォートを真珠湾から放逐するため動いた。自分を更迭した陰謀者をウェンガーだとロシュフォートは見ていた。

ロシュフォートを海軍情報機関の効率的活動を騒々しく脅かす者とし見ていたのがウェンガーだ。ワシントンのネガトがハワイのハイポをコントロールしようという試みにハイポは強く反対した。「我々に必要なものを与えよ、こちらで一人でやらせてくれ、太平洋艦隊は戦争をやっているのだ、ワシントンは太平洋地域をコントロールするには遠すぎる」と言うのがハイポの考えだった。これにネガトは反発した。ワシントンはドイツとの戦争もあり、複雑性が増大している。より全体的な見方で通信情報関係をコントロールすることが肝要だと考えたのがネガトだった。

ウェンガーから見ればロシュフォートはコントロール外にある。昔からよく知るダイヤーによれば、ロシュフォートの欠点はいわゆる明哲保身に欠けることだった。ミッドウェー海戦後も「もっと人を寄こせ、我々を一人でやらさせてくれ」と外交的ではなかった。ネガトはロシュフォートを嫌っていた。ダイヤーによれば、ロシュフォートは暗号解読能力、日本語暗号関係能力に関して、群を抜く最高人材ではなかったが、得られた情報の断片を全体像に結び付ける能力は驚くほどで、最高の情報分析者だった。日本海軍の行動を予測し、敵を知るため、大きな推定図の中で各種情報の関連付けを行ない、日本語能力を駆使して空白部分を埋め、多くの情報の流れをつかみ、その特質と推測を組み立てるために適切なリーダーシップを発揮するのがロシュフォートの凄さだった。

一九八二年、ダイヤーは、「ワシントンのネガトは最後の最後まで敵の目標はアラスカで、ミッドウェーはフェイント（騙し）だと言っていた」と回想した。ワシントンからの大きな圧力にロシュフォートは怯まなかった。ミッドウェー海戦の勝利はロシュフォートのガッツ（根性）のお蔭だ。ニミッツがロシュフォートにＤＳＭを申請した時、ネガトの連中は青くなった。このような経緯があったから、ネガトは一九四二年末にロシュフォートを真珠湾から追い出したのだ。

ホームズは一九四六年に大佐で退役し、ハワイ大学に戻り、後には工学部長になった。前述したように第一四軍区司令官のブロック少将の招聘で一九四一年六月に第一四軍区の情報活動に入ったのがホームズである。一九五八年一月二日付で、カリフォルニアのバークレーに隠遁していたニミッツに書簡を送った。ロシュフォートは適切に評価されていない。ハイポの成功はロシュフォートのリーダーシップ、率先垂範の長時間労働と熱中による。ロシュフォートの貢献ほど大きなものはない、と確信している。DSM勲章を受章するのは当然だ、という内容であった。

ニミッツは一九五八年三月一日付書信をトーマス海軍長官に送り、勲功勲章（Legion ofMerit）より上の顕著軍功勲章（DSM・Distinguished Service Medal）にすべきだとした。

ホームズは一九七九年に*Double Edged Secrets: US Naval Intelligence Operations in the Pacific during World War II*を出版した。これは、ロシュフォートの功績とロシュフォートを巡る権力闘争を記述していた。しかし、薄い本で全国的に読まれるには至らなかった。

一九四二年二月、少尉としてハイポに赴任したシャワーズは戦後、大西洋・地中海艦隊情参謀補佐、第一艦隊（ハワイ）情報参謀などを歴任し、少将に昇進してからは海軍作戦部計画部長や国防情報局長になった。一九七一年一二月三一日退役し、CIA長官特別補佐官となった。一九八二年にCIAを退官。ロシュフォートやレイトンの活躍を描いた*And, I was there*をレイトンとともに執筆したコステロ、レイトンの部下だったピノー退役大佐はロシュフォートの顕著軍功勲章（DSM）申請を海軍長官に申請したが反応はなかった。

一九八五年九月二六日、アナポリスの海軍兵学校で「ミッドウェー海戦における情報戦」をテーマとするシンポジウムが開催された。シャワーズはシンポジウムの席でロシュフォートのDSM申請について語った。感銘を受けた参加者の多くが「この問題をそのままにすべきでない」と口ぐちに発言した。シンポジウムの場に海軍長官補佐官がいて強い印象を受けた。シャワーズ退役少将の言った事実を海軍長官は知らないのではないか、と補佐官は思った。コステロとピノーが二年前提出した申請書は、各部局の意見を聞くため転々としていた。補佐官はその在り処を突き止め、海軍長官に提出した。

シャワーズは、かつての上官で今はホノルルで病床にあったホームズを訪れて伝えた。ホームズは、これで約束ははたせた、と言い、二日後の一九八六年一月一日に死んだ。ニューヨーク・タイムズ紙は一九八五年一一月一七日付紙面で、ミッドウェー海戦から四四年後にロシュフォートの顕著軍功勲章（DSM）の計画が進んでいると報じた。レイトン、コステロ、ピノーによる著作 *And, I was there* やシャワーズらによる言動が与えた影響であった。時の副大統領ブッシュ（大統領はレーガン）によって、カリフォルニアに住むロシュフォートの息子ジョセフ二世、娘ジャネットに顕著軍功勲章が手渡された。

一九八六年にはミッドウェー海戦の功労により大統領自由勲章（Presidential Medal of Freedom）がロシュフォートの遺族に授与され、国家安全機関の廊下にその名が飾られる栄誉も得た。

(3) 戦後のレイトン

戦後のレイトンは、海軍情報学校長（一九四八年～一九五〇年）、太平洋艦隊情報参謀兼太平洋軍情報部長（一九五一年～一九五三年）を歴任し、一九五三年に少将に昇進。その後、統合参謀本部情報部（一九五三年～一九五六年）から太平洋軍情報部長（一九五六年～一九五八年）となり、二度目の海軍情報学校長（一九五八年～一九五九年）。一九五九年に退役。情報畑一筋の海軍生活だった。退役してすぐに、ノースロップ社極東地区支配人となって東京に赴任し、一九六三年までその地位にあった。一九六四年に同社を退社後は、カリフォルニア州の海岸カーメルに隠遁。野鳥観察や沖を遊泳する鯨をウォッチングしながら、読書、執筆と艦船模型作りを愉しむ余生だった。

レイトンの海軍生活は順調だったが、家庭生活はそうでもなかった。最初の妻とは結婚一年子供一人を残して一九二八年に別れ、二度目の妻とは一九三六年に結婚し、二人の子供が出来たが一九五六年に離婚。一九五九年に三度目の妻として、三人の子供を持つ離婚歴あるミリアンと再婚。ミリアンは、レイトンに自分の太平洋戦記を書くことを強く勧めた。彼女はレイトンの古い記録類の整理を手伝い、レイトンの死後も共著者の元米海軍大佐ピノー、英国の歴史家コステロに資料類を提出して And I was there の完成を手助けした。

レイトンは、一九八四年没。享年八一。

【参考文献】

（1）主要参考文献

ロシュフォート、レイトン、ホームズについては、それぞれ次の文献を参考にした。

○ロシュフォート関連：*Joe Rochefortt's War,* ―― *The Odyssey of the Codebreaker Who Outwitted Yamamoto at Midway*――,by Elliot Carlson, Naval Inst. Press, 2011

ロシュフォートを知るに不可欠の文献で、本書の重要な参考文献。

○レイトン関連：*And, I Was There*―― *Pearl Harbor and Midway, Breaking the Secrets,* by Rear Admiral Edwin T. Layton, U.S.N. (Ret.) with Captain Rogger Pineau U.S.N.R. (Ret.) and John Costello, William Morrow and Company, Inc.,1985

○ホームズ関連：*Double Edged Secrets: US Naval Intelligence Operations in the Pacific during World War II* by W.J.Holmes,―― Naval Inst.Press,1979

○一九一〇年から一九四一年にかけての米海軍対日情報関係者の全五四〇頁に及ぶ主要人物抄伝。一九一〇年から一九四一年にかけての米海軍対日情報関係者の事典としても有益。ロシュフォートとレイトンに関しては、本書で相当詳述してあるが、その他のハイポ、あるいはネガとの主要メンバーの略歴は、この主要人物抄伝で知ることが出来る。

US *Navy Codebreakers, Linguists,and Intelligence Officers against Japan 1910-1941, A Biographical Dictionary,* by Captain Steven E. Maffeo, US Naval Reserve, Retired, Rowman & Littlefield, 2016

○キング合衆国艦隊長官関連：*Master of Sea Power: A Biography of Fleet Admiral Ernest J.King,* by Thomas B. Buell, Little Brown & Co.,1980

○サンゴ海海戦、ミッドウェー海戦で空母任務部隊を指揮したフレッチャーに関して
Black Shoe Carrier Admiral: Frank Jack Fletcher at Coral Sea, Midway, and Guadalcanal, by John B.Lundstrom, Naval Inst. Press, 2006

○米海軍の日本語研修生については、*A Century of US Naval Intelligence,* by Captain Wyman H.Packard, A Joint Publication of the Office of Intelligence and the Naval Historical Center,Dept.of the Navy,1996 を参考にした。

○その他
The American Magic ——Codes, Ciphers and the Defeat of Japan —— by Ronald Lewin, Farrar——Straus Giroux,1982
The Office of Naval Intelligence——The Birth of America's First Intelligence Agency, 1865-1918 ——, by Geffery M. Dorwart, Naval Inst. Press, 1985

（2）一般的参考文献

『日本の暗号を解読せよ』ロナルド・ルウィン、白須英子訳、草思社、一九八九年
『太平洋戦争暗号作戦（上）（下）』エドウィン・T・レイトン、毎日新聞外信グループ訳、TBSブリタニカ、一九八七年（これは、レイトンの *And, I Was There* の日本語翻訳）
『検証・真珠湾の謎と真実』秦郁彦（編）、PHP研究所、二〇〇一年
『情報戦の敗北』長谷川慶太郎（編）、PHP研究所、一九八五年
『情報戦争』実松譲、図書出版社、一九七二年
『提督小沢治三郎伝』提督小沢治三郎伝刊行会編、原書房、一九九四年
『情報士官の回想』中牟田研市、ダイヤモンド社、一九七四年（大和田通信所関係に詳しい）
『時代の一面』東郷茂徳、原書房、一九八九年
『情報敗戦』谷光太郎、ピアソン・エデュケーション、一九九九年
『敗北の理由』谷光太郎、ダイヤモンド社、二〇一〇年
『提督ニミッツ』E・B・ポッター、南郷洋一郎訳、フジ出版社、一九七九年
『ニミッツの太平洋海戦史』C・W・ニミッツ、E・B・ポッター共著、実松譲、冨永謙吾共訳、恒文社、一九六二年
『提督・スプルーアンス』トーマス・B・ブュエル著、小城正訳、読売新聞社、一九七五年

『キル・ジャップス！ ―ブル・ハルゼー提督の太平洋海戦史―』E・B・ポッター著、秋山信雄訳、光人社、一九九一年
『海軍戦略家キングと太平洋戦争』谷光太郎、中央公論新社、二〇一五年
『統合軍参謀マニュアル』J・D・ニコラス空軍大佐他、谷光太郎訳、白桃書房、二〇一五年（米軍の情報分析過程が参考になる）
『情報なき戦争指導――大本営情報参謀の回想――』杉田一次、原書房、一九八七年

文庫版のあとがき

太平洋戦争への関心がある人がこの戦争の敗戦への推移を調べると、
（1）日本海軍指揮官の戦意不足と、
（2）彼等の情報戦への執念不足を痛感して、
切歯扼腕すると思う。

特に、日本海軍上層部の情報戦への取り組みへの関心の希薄さに関してである。

日本海軍のホープ山本五十六連合艦隊司令長官がソロモン群島に赴き、士気高揚のため現地部隊激励の途上、日本海軍の暗号を解読した米陸軍機の待ち伏せ攻撃に遭い、山本長官は機上で戦死した。

情報戦の敗北の手痛い一例である。

山本の戦死が日本国民にどれほど衝撃を与えたかは、当時二一歳で医学専門学校を目指し、軍需会社で働いていた山田風太郎の日記にも現われている。

（「戦中派虫けら日記」山田風太郎、未知谷、一九九四年）

「昭和一八年四月二〇日。

山本連合艦隊司令長官戦死。

このニュースをはじめて定時（会社の勤務終了時間）近い会社のざわめきの中に聞いたとき、みな耳を疑った。デマの傑作だと笑った者があった。が、それがほんとうだとわかったとき、みな茫然と立ちあがった。眼に涙をにじませている者もあった。

何ということだ。一体何ということだ。ああ、山本連合艦隊司令長官戦死！」

また、この戦争の帰趨の山場となったのはミッドウェー海戦であったことは良く知られている。この作戦の詳細、すなわち、何月何日にどの場所に日本軍虎の子の機動部隊が集結し、ここからミッドウェー島を攻撃することを暗号解読で知った米海軍は、残り少ない空母軍をかき集め、そのことを知らぬ敵機動部隊に奇襲をかけ、日本海軍の空母四隻を沈め、歴戦練磨の搭乗員多数を失わせた。搭乗員は短時間で養成できるものではないから、これも痛かった。米海軍の情報戦の勝利でもあった。

敵将ニミッツはレイトン情報参謀を戦争中一貫して手許に置いて「君は私にとって一個巡洋艦戦隊以上に重要だ」と言い、レイトンの駆逐艦長への希望を許さず、戦時中、一貫して手許に置いた。

これに対して、日本海軍の連合艦隊司令部に情報参謀がいなかった。情報軽視の一例である。また、暗号解読部門に当たる士官たちは「腐れ士官の捨て所」と自嘲し、海軍当局も病気で静養中の士官が静養を終わり、新しい任務に就く前に準備期間としてこの任命を与えているというような状況だった。海軍当局は「電波情報で戦ができるか」と考えていた。

情報のプロを養成する気持ちはなく、学徒動員の海軍予備士官を以て充て、海軍の正規士官は予備士官の彼等を「スペア」と呼んで蔑視した。だから、暗号解読の鬼のようになって寝食を忘れて任務に没頭した米海軍のロシュフォート中佐のような人物は現われなかった。

もし現われたとしても、「変わり者」として排除されただろう。どの部門に配置しても、それ相当に仕事の出来る均一性の士官を求めたのが日本海軍であった。

情報軽視ないし情報への関心の薄さは、日本人の国民性とも言えた。

建国以来二〇〇〇年間、同一言語、同一民族の日本人は、日本列島に孤立して生活し、主として稲作で生計を立てて来た農耕民族である。

狩猟民族は情報一つで獲物の獲得の多寡が決まり、獲物が少なければ直ちにそれが飢えに繋がる。また牧畜民族は羊の草を求めて遊牧するから、どうしても異民族と接するし、その結果、異民族との抗争は日常茶飯事となる。情報一つで民族が皆殺しに遭うことさえある。農耕民族は情報で米の収穫が激増したり、激減することはまずない。日々の孜々《しし》とした農事への積み重ねが重要だ。だから、天候以外の情報にあまり関心を示さなくてもそう問題ではない。

水害、地震、津波、火山噴火などの災害があっても、人間にはどうしようもない天災だと諦めざるを得ない。他民族との日常的な抗争もないことから、他民族の動向の情報の必要性もなかった。

同一言語、同一民族の中で、稲作中心の生活での二〇〇〇年間、他民族に関わる情報に無関心でいられたのが日本人であった。

もちろん例外もあった。元寇の時、戦国時代の混乱時、西欧列強による植民地化の恐怖に曝されていた幕末、明治維新初期のころである。しかし、その恐怖がなくなり、平和な時代になると先祖返りして情報に関心が薄くなった。

（1）日本海軍指揮官の戦意不足

人間の徳には、知・仁・勇の三つがある。

知：ヘッド、知力

仁：ハート、心

勇：肚《はら》、ガッツ＝Guts

武士の教育で一番重要とされたのは肚だった。

ヘッドとハートは補佐役が補うことが出来るが、ガッツだけは補うことが出来ない。

（「新たな反日包囲網を撃破する日本」渡部昇一、徳間書店、二〇一四年）

日本海軍虎の子の機動部隊を率いたのは南雲忠一中将で、ハワイ真珠湾作戦の初めから腰が引けていた。ミッドウェー海戦でもそうだった。航空には素人だったこともあり、源田實航空参謀に頼り切りだった。自分で決断が下せない。南雲艦隊ではなく源田艦隊だと悪口を言われた。

南雲の指揮は、勇気凛々、戦意満々で戦場に臨むのではなく、むしろ逆だった。及び腰なのだ。真珠湾作戦でも、戦果をさらに拡大させる戦意はなく、造船・修理施設や石油貯蔵タンク攻撃もせずさっさと戦場を離れた。頭が逃げることで一杯だった、と言われても仕方がない指揮ぶりであった。造船・修理施設や石油貯蔵タンクを破壊しておれば、米軍のその後の反攻はなかなか出来なかったであろう。これは敵将ニミッツも言っている。

日本海軍指揮官の戦意のなさは、指揮官の名前は敢えて出さないが、スラバヤ沖海戦（昭和一七年二月）では、近接肉薄攻撃を避け、遠くから砲弾を撃つ消極性が際立った。

バタビア沖海戦（昭和一七年三月）でも、余りに遠くから魚雷を撃つという消極性が目立った。「肉を切らせて骨を断つ」旺盛な戦意とは逆の戦振りであった。

サンゴ海海戦（昭和一七年五月）では、指揮官は第四艦隊司令長官井上成美。井上は理屈は言うが、実戦ではからっきし駄目で、敵の空母を沈めているのに引き揚げを命じる有様。

昭和天皇も「井上は学者だから戦はあまりうまくない」とおっしゃった。

第一次ソロモン海戦：第八艦隊司令長官は三川軍一。夜戦で米豪連合艦隊と遭遇し、魚雷戦を敢行して大勝利を納めたが、更に攻撃をつづけ戦果を拡大すべしとする旗艦艦長の進言を採用せず引き揚げを命じた。この時、米上陸輸送船団は、兵員、武器弾薬、食料などをガダルカナル島へ揚陸中であった。護衛艦隊を失ったこの米輸送船団を攻撃すれば、赤子の手を捩《ね》じるほど簡単に殲滅でき、大輸送船団は海の藻屑となっていただろう。仮に陸兵、海兵が上陸した後であっても、補給に必要な輸送船団が全滅すれば、陸に上がった陸兵、海兵には補給が断たれ、その後に上陸した日本軍が飢餓地獄に陥ったと同じ状況になったことは必至だった。

レイテ沖海戦（昭和一九年一〇月）での栗田健男長官の指揮。

米軍は比島奪還のため、フィリピンのレイテ湾に大輸送船団を集結した。これを撃滅せんとして栗田健男中将指揮の日本艦隊がここに向かった。米大輸送船団を目の前にして、北方に米機動部隊を発見との無電が入った、との理由で、この米大輸送船団攻撃を中止し、米機動部隊を攻撃するとして北方に向かった。

しかし、考えてみたい。空母を一隻も持たぬ栗田艦隊が空母多数を擁する米機動部隊に勝てるはずがない。そんな事は栗田もその幕僚も百も承知のはずだ。

ということは、北方に米機動部隊発見という無線があったことにして（事実は不明）、それを理由に北方に逃げたと考えられても仕方あるまい。

この時も日本海軍指揮官の戦意のなさであった。連合艦隊司令部の栗田艦隊への命令は敵輸送船団撃滅であった。連合艦隊司令部は、空母一隻も持たない栗田艦隊が空母多数を擁する米機動部隊に勝てるはずがないと考え、輸送船団だけなら十分栗田艦隊の戦力で撃破できると考えたのだ。


日本海軍指揮官の戦意の乏しさに関して、航空参謀が長かった源田實の言葉がある。

（「封印の近現代史」谷沢永一、渡部昇一、ビジネス社、二〇〇一年）

渡部昇一上智大教授は、戦後のある日、源田實の家に行ったが非常に気持ちよく迎えてくれた。

「日本の敗戦の一番の原因は何か」との質問に源田は「海軍では、ネルソン精神を忘れたことだ。唯それだけだ」と応えた。ネルソンは「唯々敵に向かって撃て。それが戦術的に正しいかどうかは考える必要はない。敵に向かって撃っている限り、正しいと判断してやる」と言った。これを「見敵必戦」と言って日本海軍の方針だった。それを米海軍との戦いでは忘れた、と源田實は言った。

「ネルソン精神」とは「見敵必戦」精神、すなわち、敵を見れば敵味方の戦力考量などせず、敵が巨大であっても、ただ一直線に敵に向かい、敵撃滅まで怯《ひる》むことなく戦う敢闘精神である。戦史を紐解《ひも》くと、真珠湾作戦にせよ、第一次ソロモン海戦にせよ、レイテ沖海戦にせよ、日本海軍指揮官に「肉を切らせて骨を断つ」気魄がなかったこと、すなわち「ネルソン精神がなかった」ことを痛感する。もっと攻撃を続けたら敵を撃滅できたのにと、切歯扼腕させられることが余りにも多い。

一勝すれば、情況不明を理由にして、戦場から離れたがる。戦場では敵が大きく見えるのが人間心理といえば言えようが、指揮官がそれでは戦に勝つことは出来ない。温厚篤実、大勢順応型軍官僚の能吏が軍のピラミッドの上位に上って指揮官に任命されていたのがその最大の理由であろうし、軽妙洒脱を好み、執拗な粘着性を嫌う国民性もあろう。言語に絶する、肉体的精神的に苛酷極まるのが戦場である。ここで部下を叱咤激励して、あくまで戦うには強靭な肉体と精神力が要求される。米軍では、陸海を問わず激戦時に戦意不足と看做《みな》され更迭された高級指揮官がいかに多いことか。米海軍のトップのキング元帥が一番嫌ったのが戦場の指揮官の戦意不足だった。

日本海軍で戦意不足として更迭された高級指揮官は、寡聞にして知らない。

（2）情報戦への執念不足

日本海軍の指揮官の戦意不足と併せて痛感するのは、日本海軍の情報戦への執念不足である。

この原因については国民性もあろう。建国以来二〇〇〇年以上、同一言語、同一民族で日本列島に住んで来たのが日本人だ。元寇の例など除いて、異民族と接して抗争した歴史は皆無といってよい。

また、国民の大部分は稲作農民で、日々こつこつと農務に努めていることが大切だ。これに対して、狩猟民族では、情報一つで獲物量が大きく変わる。

（3）情報戦における人間ドラマ

筆者が原著「米海軍から見た太平洋戦争情報戦」を執筆して感じたことの一つは、生きた人間の行なうことが避けられない「人間ドラマ」であった。

組織間の葛藤、妬《ねた》み、権力欲が複雑に絡み合う「人間ドラマ」である。

戦場の海戦では、物理力と物理力の衝突であって、物理力の大きな方が勝つ。

しかし、その前段階での情報戦――主として暗号解読や電波傍受解析――では正解がはっきりしない推測の世界、正解を求めて一歩一歩知恵を絞る世界であるから、人間の個性、性格が直截的に現われてくる。情報への訓練の差、あるいは執念の差、頭脳のシャープさの差異も否応なしに出て来る。米海軍の情報活動でも、調べれば、当然ながら、人間臭い葛藤の連続であった。また、この世界も、権力欲や嫉妬の渦巻く世界から免れなかった、と言ってもいい。

情報は作戦指導者に用いられなければ価値はない。

この点、米海軍では太平洋艦隊のトップであるニミッツが情報の重要性をよく理解して情報参謀のレイトン中佐を手放さず、また、レイトン情報参謀はハワイの暗号解読機関（ハイポと俗称）を束ねるロシュフォートの働きと暗号解読能力を評価して、ニミッツとの橋渡しを円滑にした。

日本海軍には情報への執念が希薄なためか、情報関係者間の葛藤――妬みとか権力欲の――があったとは寡聞にして知らない。

令和六年一〇月四日

谷光太郎

単行本　平成二十八年九月　「米海軍から見た太平洋戦争情報戦」芙蓉書房出版刊

NF文庫

ミッドウェー暗号戦「AF」を解読せよ

二〇二四年十二月十九日　第一刷発行

著　者　谷光太郎

発行者　赤堀正卓
発行所　株式会社　潮書房光人新社
〒100-8077　東京都千代田区大手町一-七-二
電話／〇三-六二八一-九八九一(代)
印刷・製本　中央精版印刷株式会社
定価はカバーに表示してあります
乱丁・落丁のものはお取りかえ致します。本文は中性紙を使用
ISBN978-4-7698-3383-3　C0195
http://www.kojinsha.co.jp

NF文庫

刊行のことば

第二次世界大戦の戦火が熄《や》んで五〇年——その間、小社は夥しい数の戦争の記録を渉猟し、発掘し、常に公正なる立場を貫いて書誌とし、大方の絶讃を博して今日に及ぶが、その源は、散華された世代への熱き思い入れであり、同時に、その記録を誌して平和の礎とし、後世に伝えんとするにある。

小社の出版物は、戦記、伝記、文学、エッセイ、写真集、その他、すでに一、〇〇〇点を越え、加えて戦後五〇年になんなんとするを契機として、「光人社NF（ノンフィクション）文庫」を創刊して、読者諸賢の熱烈要望におこたえする次第である。人生のバイブルとして、心弱きときの活性の糧《かて》として、散華の世代からの感動の肉声に、あなたもぜひ、耳を傾けて下さい。